水槽の窓の向こうは謎だらけ

水槽の向こうに広がる青い世界に包まれた瞬間、私たちの心は水中を漂いはじめる。水族館は、見ることのできない水中世界へと、私たちを運んでくれる仕掛けだ。

名古屋港水族館にて

'けでなく、水中景観を観ることを可能にした。新江ノ島水族館にて

ハダカカメガイ（クリオネ）

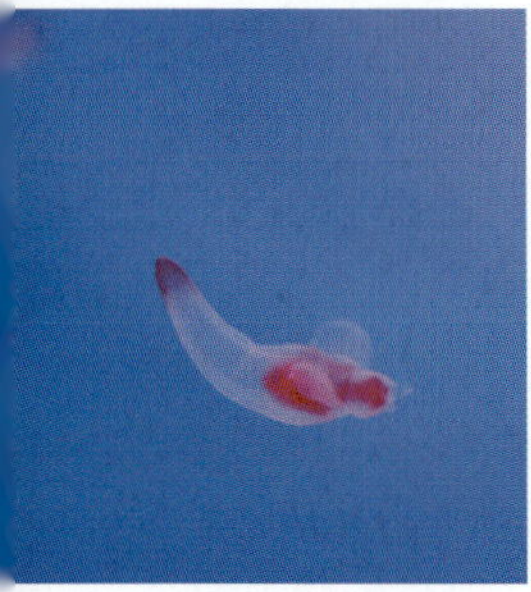

ヤマメ

躍動感、パワー、叡智、シャチのような動物は、動物園にはいない。太地くじらの博物館にて

水槽技術の進歩は、動物を観るた

アオリイカ

シキシマハナダイ

動物たちは何を考えているのだろう？
鴨川シーワールド：カリフォルニアアシカ

クラゲの飼育技術は格段に飛躍した。新江ノ島水族館

水族館の世界は、水槽作りの技術と飼育の技術の進歩によって、ずいぶん広がった。これからは、訪れる人たちの意見をもっと取り入れ、観客とのコラボレーションによって、さらなる進化を遂げることになるだろう。

SHODENSHA
SHINSHO

水族館の通《つう》になる

——年間3千万人を魅了する楽園の謎

中村　元

祥伝社新書

はじめに——水族館の常識

水族館の仕事を始めたころ、アオウミガメとアカウミガメの見分け方を教えられ、それをガイドのときに披露したらまったくウケなかった。まあそうだろう。そこで次のガイドのときに、「浦島太郎が乗ったカメは、オスとメスのどっちでしょう？」とやったら、これはウケて、見分け方にも興味を持ってくれた。それ以来、水族館をプロデュースするときにも解説文を書くときにも、身近で素朴な驚きや疑問から入ることにしている。

鳥羽水族館で副館長をしていたときには、時間があれば館内に出て、来館者と話をするように努めていた。そこで質問されるのは驚くことばかり。「死んだ魚は食べるの？」「イルカが病気になるとどこに入院するの？」「アシカはどうやって言葉を覚えるの？」。なるほど、来館者にとっては、動物のことだけでなく、水族館も謎に包まれていたのだ。

水族館の常識は世の中の非常識。水族館でしか起こりえないさまざまなできごとを、水族館でしか解決できない方法で解決しているからだ。それは水族館にとってはごく当たり前のことだが、一般社会では驚きの新事実だ。本書では、そんな水族館の常識を広く知っていただきたい。その常識は、みなさんの素朴な疑問にも答え、もしかしたら生活や事業の役にも立つかもしれない。なによりも、水族館が今以上に愛されるようになるだろうと思うのだ。

もくじ

第二章

水族館の動物たちの不思議

第一章
水族館の不思議

水族館と動物園はどこがちがうの?

お魚さんがいるのが水族館

幼稚園の遠足の定番といえば、動物園と水族館。じゃあ、動物園と水族館のちがいは?

「お魚さんがいるのが水族館で、ゾウさんがいるのが動物園」

幼稚園児でなくても、答えはまあそんなところだろう。もう少しマシないい方をすれば、「陸上の動物のいるのが動物園で、水中の動物のいるのが水族館」というところだろうか。

しかし、いかにも水族と思われるアシカやペンギンは、水族館にも動物園にもいる。思いつくまま、水族館にも動物園にもいる動物をあげてみると、アシカやアザラシの仲間、ペンギン、シロクマ、ワニ、カエル、ペリカン、トカゲ、などけっこうさまざま。近ごろでは、ヘビや昆虫、サルやコビトカバなどを飼育している水族館も出てきた。

とどのつまり、動物園にも水族館にも、飼ってはいけない動物の決まりなどはなく、地球上には、水と陸の境目あたりで生活する動物が、それだけ多いということなのだが、そもそも水族館は、動物園の一部であると考えればいいのだ。

東山動物園にある「世界のメダカ館」

ほら、動物園には、鳥類館とか、爬虫類《はちゅうるい》館とか、同じ種類を集めた建物がある。種類でなくても、夜行生物だけを暗闇の中で飼育する夜行生物館だってある。それと同じように、水中で活動する生物のために水槽を作って集めたのが水族館だ。だから、名古屋の東山動物園にはメダカだけの水族館があるし、かつて上野動物園内には立派な水族館があった。

　しかし、水中で活動する生物を「水族」としてひとまとめにして、動物園の中にこぢんまりと収めるには無理がある。５つの大陸と数え切れない島々に、さまざまな陸上の動物たちが暮らしているのと同じように、７つの海と数え切れない川や湖にも、さまざまな生物がうごめいているのだから。それで、水族館は、動物園とは独立した水族の動物園として進化してきたというわけだ。

ただし、水族館と名乗ることにはなんの決まりもない。逆に、水族を飼育しているからといって、水族館と名乗らなくてはならないこともない。だから、シーワールド、マリンランド、シーパラダイスと、明るくて楽しそうな名前になっているところもあるし、科学館とか博物館など、固そうなイメージの水族館もある。

近ごろでは、須磨《すま》海浜水族園、葛西《かさい》臨海水族園と、館をやめて園と名乗るところも現れてきた。なんだか水族館よりも大きくて立派な風に感じるが（たしかにどちらも立派な水族館だけどね）、特に水族館より大きいとかえらいとかという意味ではない。しいていえば、それまでの水族館のイメージを超えた感覚を持って作ったことを表現した名前が、水族園であったということだ。

日本に水族館はいくつある？

日本だけで100館以上

朝からなーんにも予定が決まっていない休日、「そうだ！　水族館へ行こう」と思ったら、日本全国どこに住んでいようと、あなたはおそらく実現できるはず。

水族館は海にあるとは限らない。川や湖など淡水魚を中心にした水族館もわりあい多く、森の中や山の上など、一見場ちがいな場所で水族館を発見できる。日本はおそらく、世界でもっとも水族館密度の高い国なのだ。

日本動物園水族館協会という、動物園と水族館の公的な団体があるのだが、その団体に加入している水族館だけでも60館が数えられる（2018年時点）。日本動物園水族館協会というのは、全国の動物園・水族館が協力して、よりよい動物園や水族館のありかたを目指している団体で、入会するにはけっこう厳しい審査もあったりする。

つまり、加入している水族館は、おたがいに正しい水族館であるべく努力している水族館だと考えていいのだが、そんな立派な水族館だけでもすでに47都道府県の数をはるかに上回っているのだ。そして、それらの水族館以外にも「水族館」と称していい施設はあと40館ほどある。そのほとんどが、なかなか見ごたえのある水族館だ。

つまり、日本には少なく見積もっても100館以上の水族館がある。平均すれば1都道府県当たり2館はある計算だ。狭い日本だから、この数はすごい。

たとえば、これらの水族館の入館者を平均で年間30万人としたら、年間3000万人の日本人が水族館を訪れているはずで、4年も経てば、すべての国民が一度は水族館に行ったということになる。こんな国は、世界中に日本以外のどこにもない。

水族館の運営母体はさまざまだ。市や町が建てて運営している公営の水族館に、運営だけは財団などがやっている水族館。完全な私立の水族館に、鉄道会社やリゾート会社が作った水族館。あるいは大学の付帯施設としての水族館もある。最近では、行政と企業が一緒になって経営をしている第三セクター方式も多い。

運営母体によって内容やスタイルに特色があるということはあまりないのだが、客からすれば入館料金のちがいは大きい。公営の水族館は、同規模の私立水族館の半額以下だ。

その理由は、公営の場合、建設費に税金が使われているからで、それはつまり水族館に行かない人からも入館料をもらっているということだ。水族館が好きな人にとっては、公営水族館は、非常にお得な水族館だ。

日本人は、なぜ水族館が好きなのか？

自然を畏《おそ》れ敬《うやま》う日本人

日本人が水族館を好きな理由は、日本が海に囲まれた島国であり、自然豊かな山々から流れる川も多く、わたしたちの生活が海や川に強く関係しているからである。

ようするに、海や川の生物をよく食べる国民で、いつも食べている動物が生きているところを見たくなるのは、ごく自然なことだろう。

さらに、日本の文化には昔から、自然を畏れ敬う気持ちがある。大きな滝や巨木には神様がまつられたり、キツネやタヌキに化かされたり、「一寸の虫にも五分の魂」と考えたり、小鳥やカエルにでもお墓を作る。魚には「いただきます」と手を合わせ、アイヌの文化では動物たちのすべてに神様がいる。このような自然のすべてに神が宿っているという信仰心をアニミズムと呼ぶ。

そんなアニミズムの心を土台にして、自然の見えない部分への好奇心がとても強い日本人にとって、水中をかいま見るような水族館の水槽は、浦島太郎になって竜宮城を訪れるくらい興味深いものなのだ。

日本の水族館に特徴的なものが、動物たちの供養碑《くよう》だ。古くからの水族館の庭などには、死んでいった動物たちの魂を鎮《しず》める碑を見つけることができる。毎年そのための供養祭が催《もよお》される水族館も少なくない。これも日本の水族館のアニミズムの現れだろう。

日本人にとってお祭りはレジャーのひとつだが、水族館を訪れることは、自然と一体になるお祭りに参加するのと同じ感覚のレジャーであるように思う。そのあたりが、欧米の科学のための水族館とは少々ちがうところなのだ。

レジャーといえば、暑くて寒くて雨の多い日本の気候も水族館に人を寄せる味方だ。真夏や真冬で、炎天下や吹きさらしの動物園に行くのはそうとうな覚悟がいるが、冷暖房つきの水族館でならデートだってできそうだ。幼稚園の遠足は、晴れなら動物園か公園で、雨なら水族館だし、海水浴のシーズンに雨が降ると、近くの水族館は突如《とつじょ》として大混雑する。

どこから見ても、日本はやっぱり水族館の似合う国なのである。

水族館で「おいしそう!」は禁句?

お魚はおいしいもの

水族館では、そこかしこで「おいしそう!」「うまそー!」という声が聞こえる。魚介類をたくさん食べている日本人ならではの光景だ。海に囲まれた国なら世界中にいくらでもあるが、好んで魚介類を食べる国といえば、日本の右に並ぶ国はない。

日本人は、海の魚も川の魚も、エビもカニも貝もタコもイカも、さらには、ナマコもホヤも海藻も、クジラやイルカだって、とにかくなんでも「いただきます!」と食べてしまう。だから、水族館でエビやタイを見たとたん、思わず「おいしそう!」というのは、日本人としてまったくふつうの感覚。恥じることも申し訳なく思うこともない。日本の文化の発展に寄与《きよ》することを目的のひとつとしている日本動物園水族館協会だって、きっと認めてくれるだろう。

水族館が建てられた理由から考えても、「おいしそう」の言葉は、非常に正しい反応だといえるものが多い。

「おいしそう!」海響館にて

たとえば、下関《しものせき》の水族館「海響館《かいきょうかん》」は、日本一のフク（下関ではフグとはいわずフクという）の集積地としてフグの仲間の展示に力を入れているくらいだから、ここでフクを見たら「おいしそう」というのが礼儀である。

「新江ノ島水族館」にはおいしそうな魚たちのコーナーに「いただきますの理由」が書かれているし、「うみたまご」の前身である大分生態水族館マリーンパレスの養殖技術は高く、水槽でふ化したシマアジを養殖用の稚魚として出荷するほどだった。

また多くの水族館は、国や県の養殖研究所や、海洋資源を研究する大学などの機関が運営し、経営者が海産問屋という水族館もあるのだから、なんとも分かりやすい。

新江ノ島水族館には「いただきます」のコーナーがある

世界一の水産物大好き国ニッポン。水族館を作るほうも、水族館を訪れるほうも「お魚はおいしいなー」と思っている。だからこそ、いつもおいしくいただいている水族たちの生きている姿に、美しさや感動をなおのこと強く感じるのだろう。

ちなみに、この「おいしそう！」は海外の水族館では聞かれず、たいていが「ビューティフル！」だの「プリティー！」あたりで、想像力のかけらもない。しかし、彼らが日本人の「おいしそう！」を聞くと、驚いたり怪訝《けげん》な顔をしたりする。海外の水族館ではおとなしくしていたほうがいいかもしれない。

世界最大の水族館は？

最大は誇大広告

世界最大、日本最大の水族館、これを名指しするのはとても難しい。どれくらい難しいかというと、柔道の金メダリストと、相撲の横綱と、ボクシングのチャンピオンの、だれを世界最強とするかというような話し。つまり、水族館の大きさの基準をなににするかが決まっていないのだ。

たとえば、敷地面積でいえば、アメリカのシーワールドなどは、動物園より広い土地を持っている。でも、水上スキーのショーをする池があったりして、どこまでが水族館なのかわからない。そもそも、広場や道がいくら広くても、水族館というからには建物じゃなきゃならない、と思っている人はかなり多い。そして、建物が大きければいいかといえば、いやいや、東京ドームに小さな水槽が並んでいてもそりゃだめだ！ということで、水槽の大きさを問題にする人もいる。

さらに、ひと口に水槽の大きさといっても、シャチがショーをするようなプールや、海を網で仕切った天然プールも水槽と考えるか、水槽と考えないかでもちがう。あるいはアメリカのエプコットセンターにあるリビングシーには、2万トンを超える水槽があるが、海を表現するためのもので動物はわずかなため、水族館が大きいというイメージはない。

だから、ふつうはどんな大きな水族館でも、「世界最大級」と、かならず「級」を付けている。最大級というのはつまり、最大の水族館はいくつもあって、うちはそのひとつなんだよ、という非常にあいまいだけど最大限許されたアピールなのである。

もし、これを級を付けずに「最大」といい切ったらどうなるだろう？　もしかしたら公共広告審査機構ＪＡＲＯが動くかもしれない。実は、かつて「太陽系最大級」というキャッチコピーを考えたところ、ポスターの掲出先から「誇大広告ではないか？」との問い合わせを受けた。「最大」の言葉の根拠を示せというのだ。結局は、最大ではなく最大級だからということで不問になったことがある。

それでも最大はどこか？

しかし、それでもあえて総合格闘技ルールで戦わせろというなら、「沖縄美《ちゅ》ら海《うみ》水族館」こそが世界最大の水族館だと思う。

ボクの勝手な基準では、水族館は屋内が基本で、水族館の水槽とは内部を十分に観察できるガラス窓がある水槽だ。ショープールなどは、いちおう参考値として考える。

少し前までは、台湾の高雄《たかお》から2時間ほどのところにある國立海洋生物博物館が、文句なしに世界最大だと思っていた。実際、あまりにも巨大な水槽を前にして、台湾は島国だけど、歴史的に中国の大陸的な思想が流れているのだ……なんていう思いにまで至らされ

ギネスに登録された世界最大のアクリルパネル。ジンベエザメが小さく見える（沖縄美ら海水族館）

ていたのだった。

ところがそんな感慨も、沖縄美ら海水族館の完成でころりと変わってしまった。日本の沖縄には、大陸的より大きい大洋的な思想が流れていた。

沖縄美ら海水族館の巨大な宮殿を思わせる建物の中には、77の展示水槽があって、その水量をすべて合わせるとおよそ1万トン。中でも最大の水槽が、巨大なジンベエザメとマンタが何尾も泳ぐ「黒潮の海」の水槽で、幅35メートル、奥行き27メートル、深さは10メートルもあり、その水槽1つの水量だけで約7500トン！

ボクがかつて太陽系最大級＝超水族館と名付けた水族館のすべての水槽の水量を合わせても6000トンだから、黒潮の海の水槽がいかに巨大か分かるだろう。

実はこの水槽に使われているアクリルパネル、高さ8・2メートル、幅22・5メートル、厚さ60センチで、その大きさが世界一としてギネスブックに認定された。ガラスの世界一をいばってもしょうがないといえばしょうがないのだが、最大級としか表現できなかった水槽を、晴れて世界一としたアクリルパネルは一見の価値ありだ。

さらに、沖縄美ら海水族館の屋外には、マナティー館、ウミガメ館に、オキゴンドウとイルカのショースタジアムのほか、イルカのプールや水槽がある。沖縄美ら海水族館を世界最大といっても、異議を唱《とな》える人は少ないはずだ。

名古屋港水族館の世界最大級プール。プールもでかいが、ハイビジョンモニターも、どえりゃーできゃーに

では、世界で2番目に大きな水族館は先に紹介した台湾の水族館かといえば、それもまた塗り替えられてしまった。

「名古屋港水族館」に完成した北館は、たった11本の水槽しかないのに、その合計水量はなんと2万4600トン。南館と合わせると2万7000トンにもなる。シャチがショーを見せてくれる超巨大な1万3400トンのショープールは屋外なので、ボクのルール的には参考データではあるけれど、プールの側面には大きなアクリル窓があり、最大水深12メートルの水中を観察できる。

あくまでも中村ルールで、中村ジャッジということで許していただきたいのだが、水族館世界最大選手権の金メダルと銀メダルは、日本の水族館が独占。銅メダルは隣国の台湾と、アジアの島国が独占したという結果である。

最小の水族館は？

淡水魚の水族館は小さいものが多い

最大があれば、最小もあるだろう？　といわれても、最大と同じ理由で、これがまたとても難しい。ただし、なぜかこちらのほうは、みずから「日本で一番小さい水族館」と名乗っているところがいくつかある。奥ゆかしさを美徳とされる日本では、みずから最大なんて宣言したときには周りからどんな攻撃があるかしれないが、小さいことをアピールするぶんには、だれからも文句をいわれない。

山口県の「なぎさ水族館」は、つい最近の市町村合併までは「東和町なぎさ水族館」という名前で、以前のＨＰには、日本で一番小さいと書いてあった。たしかにこの水族館は小さいけれど、すごく小さいというわけではない。なんせ2階建てだし、水槽の数も多い。

和歌山県すさみ町の「エビとカニの水族館」は、日本一どころか世界一小さいとＨＰには載っている。さらに館長の話しでは、日本一貧乏な水族館なのだそうだ。しかし、貧乏かどうかは別にして、広さはなかなかのもの。一周ぐるっと回るのに、10分以上は十分にかかる。

山方淡水魚館。小さくても、階段状の水槽は見ごたえがある

たしかに、水槽の大きさがあまり大きくはないから、水量としては日本一小さいといってもいいのかもしれない。

淡水魚の水族館には、小さい水族館が多い。宮崎県の高《たか》千《ち》穂《ほ》峡にある「高千穂峡淡水魚水族館」は、入ってぐるっと見渡せば、ほぼすべてを見ることができる。

しかし、これらの水族館で展示されている水槽は、家庭用としても使えたり、空港などに置かれているような個水槽で、それらを窓の開いた壁でおおってあるものだ。つまり、建物の中に水槽を並べたもので、それが本物ではないというわけではないのだが、水族館として作られた建物ではないと思う人もいるかもしれない。

そこで、やはりみずからパンフレットに「日本一小さい」と標榜《ひょうぼう》する、茨城県の「山方淡水魚館」の登場である。この水族館は、入り口付近のオオサンショウウオのコーナーを抜けると、ぐるっとひと目で見渡すことのできる広さの、たしかに小さい水族館だ。

しかし、置き水槽だけでなく、上流から下流までの景観がジオラマ展示された、かなり本格的な水槽が階段状に配置されている。日本の川の展示としては、よくある手法だが、それを差し引いても、建物自体が水族館として生まれた、日本一小さな水族館だといっていいかもしれない。

これらのように特別に小さいわけではないが、ボクのオススメの小さい水族館がある。岡山県玉野市にある「玉野海洋博物館」だ。屋内は、端から端まで見渡せるほどの規模ながら、魚類や無脊椎動物は、海水、淡水に冷水系から熱帯系まで展示し、さらに屋外では、ウミガメからペンギンに海獣と、一般的な水族館として求められている動物をひと通り飼育している、究極のコンパクト水族館だ。

足早に歩けば、すべてを15分程度で回ることができる広さだが、水槽の作りがしっかりしていて、その気になれば1時間は十分楽しめる。飼育生物の種類は約１８０種で、水族館として、けっして少ない数ではない。水槽の周りにはヨーロッパの水族館のような、重厚感のある装飾がなされている。

屋外にいるオタリアのオスは、観覧者が買うことのできるエサをねだって、わりとあいそがいいし、なんと、水族館なのにサルも飼育されている。貝殻のけっこう充実したコレクションや、民俗学的な博物館展示なども併設されていて、これで入館料５００円は安い！

超こだわりの水族館は？

メダカだけで200種類

全国をくまなく見渡すと、巨大な水族館を尻目に、我が道を行くスタイルで魅力を出しているこだわりの水族館も多い。巨大水族館を総合水族館としたら、専門水族館とでもいえばいいだろうか。

思いがけず多いのは淡水水族館で、20軒以上はある。だから淡水水族館というだけでは、あまりこだわりの水族館とはいえない。

そんな中で、地域の川の淡水魚にこだわっているのは「群馬県水産学習館」。帰化種は入っているが、それ以外は外国産も入れず、河口の海水混じりの展示もない。さすが海のない県の意地だろうか（2010年に閉館）。

同じように、山梨県の富士山麓にある「富士湧水の里水族館」は、基本的には湧水によっ

地元の川にこだわる「群馬県水産学習館」

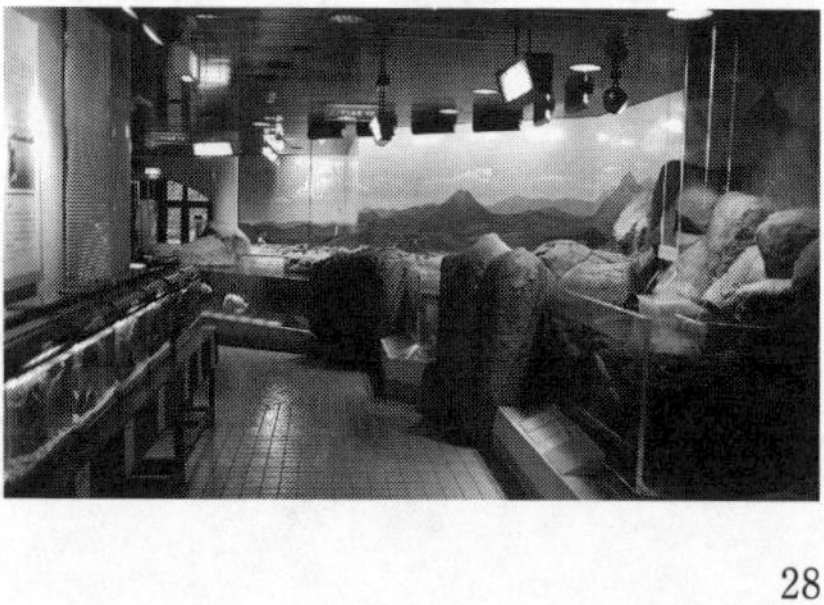

両生類だけの「日本サンショウウオセンター」

て飼育できる日本産の淡水魚のみの展示だ。規模も大きく新しくて、二重ドーナツ型の水槽もあり、オススメ度は高い。

三重県には、オオサンショウウオの生息地にちなみ、両生類だけを展示する「日本サンショウウオセンター」がある。ようするにイモリやカエルだけの水族館だが、一般的な水族館では脇役よりチョイ役な両生類が、堂々と水族館の主になっているのがうれしい。

徳島県には、隣接して2つのこだわりの水族館がある。ひとつは海部《かいふ》町のオオウナギだけの水族館「大うなぎ水族館イーランド」（2005年に閉館）。日本一小さい水族館のほうで紹介してもよかったくらい小さいが、最高7年モノまで飼育されているオオウナギは本当に大きい。

もうひとつは、アカウミガメの産卵で有名な日和佐《ひわさ》海岸にある「うみがめ博物館カレッタ」。ウミガメだけに焦点を当てた水族館で、イーランドと同じく、やはりウミガメだけを生

ウミガメだけの「うみがめ博物館カレッタ」

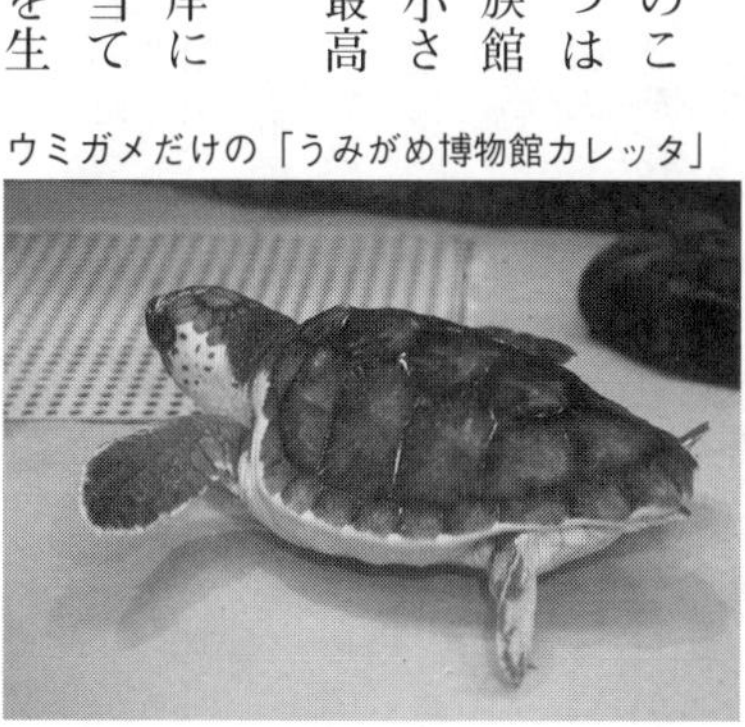

育年齢別に展示している。今気づいたのだが、名前の付け方も、イー（ウナギ）ランドとカレッタ（アカウミガメ）は似ている。徳島県の文化的特徴なのだろうか。

そして、わざわざ1日つぶして出かけても、納得してもらえるだろうというオススメのこだわり水族館が2館ある。ひとつは長崎県の「長崎ペンギン水族館」。その名のとおりペンギンの水族館だ。キング、イワトビ、マカロニ、ジェンツー、フンボルト、ケープ、マゼランと7種類のペンギンがいて、水族館中ペンギンだらけ。過去に飼育していたコウテイ、アデリー、ヒゲの3種類を合わせれば10種類だ。

ペンギンは全種類で18種だから、おそらく世界で一番種類の多い水族館だろう。深さ4メートルの巨大な水槽も、ペンギンだけのための水槽としては世界最深。今じゃ各地でやっているキングペンギンのパレードも、この水族館の前身である長崎水族館が始めたものだ。ペンギン好きなら、一度は行かねばならない水族館だ。

もうひとつの究極こだわり水族館は、名古屋市立東山動物園の中にある「世界のメダカ館」。世界中のメダカばかり、集めに集めて200種類以上。平均的な水族館の飼育生物が約300種だから、メダカだけで200種以上というのが、どれほどのこだわりか分かっていただけるだろう。生態も、体の模様や形、大きさもさまざまなメダカたち。メダカは小さいが建物はとても立派。巨大なメダカ館である。

水族館はどこまで大きくできる？

大きさは資金しだい

なにせ、海の面積は、陸の面積の2倍以上。海の平均的な深さは、陸の平均的な高さの5倍近くもある。さらに、海には陸上のゾウより巨大なクジラやジンベエザメがいる。

ということは、水族館の大きさは、動物園より2倍から5倍も大きくていい計算だ。なのに、まだまだ水族館のほうが小さいのは、ひとえに水槽の大きさの問題だ。

陸上で動物舎を建てるときには、動物に檻《おり》を壊されない程度に頑丈であればいいのだけど、水は1辺1メートルの立方体で1トンにもなってしまう。

たとえば、先ほど紹介した名古屋港水族館の総水量2万7000トンの重さに匹敵するものといえば、ゴジラの体重が2万トンで、ウルトラマンの体重が3万5000トン。水はそれほどに重いのだ。

さてしかし、そんな重い水も、水深が浅ければ地球の地面が広く支えてくれる。問題は水深を深くしたときだ。水の圧力を壁で支えなくてはならない。

　そして水が漏《も》れないようにするだけでなく、そこで飼育する動物が生きられるようにしなくてはならない。シャチやイルカなら水上で空気を呼吸するから、水はきれいだというだけでもいいけれど、ジンベエザメだとエラで水を呼吸するので、海と同じ水質が要求される。つまり、水をいれる容器と、その水質を常に最高に保つ濾過《ろか》システムが、水族館の大きさを左右してきたのだ。

　しかし、現代は宇宙にも深海にもヒトを送ることのできる時代だ。その科学技術をもってすれば、どんなに大きな水槽を作ることも、その水質を管理することも可能だろう。今後いくらでも巨大な水族館ができる可能性はある。ただし、水族館に費《つい》やす資金があればの話しだ。

　夢のある話しに、夢のない答えで申し訳ないが、今後、沖縄美《ちゅ》ら海《うみ》水族館や名古屋港水族館を超える超巨大な水族館ができ

沖縄美ら海水族館は巨大な神殿のよう。ある意味、国家プロジェクト水族館だ

るかできないかは、そのためにお金を出す国なり、企業なり、人なりが現れるかどうかによる。

　現実に今、沖縄美ら海水族館のアクリルガラスを超える水槽が中東の産油国で進行中だ。また、現在急速な経済成長を遂《と》げている中国なら、国家的な政策によって作るかもしれない。

海底トンネル型水族館はなぜできない？

見えるようで見えない海の透明度

動物園の動物たちは、陸上に棲んでいる動物ばかりだから、飼育舎を大きくしても、温度調節や湿度調節以外、空気のことではあまり気を使わなくていい。

なるほど、だったら、動物園より大きな水族館を作るのにすごくいい方法がある。海や湖の中に水族館を作ることだ。これなら、どんなに深い水族館でも、簡単に作れてしまえそうだ。

でも、そこには大きな問題がある。海中に水槽を作ったら、ボクたちが見に行けない。ダイビングをしなくては見えないなんて、お客さんはあまり来てくれなさそうだ。

では、海や川に、透明なドームの通路を作るのはどうだろう？ これなら、老若男女すべての人が楽しめるし、動く歩道をつければ赤ちゃんだって行ける。

あなたも、そんなアイデアを考えたことがあるにちがいない。そう、これはだれもが一度は考える案。水族館作りに関わるボクなどは、月に1度はだれかれとなくこのアイデアを提案される。

ところが、海や川の透明度はけっこう低いのである。たいていはせいぜい10メートルで、ちょっと濁《にご》ったら30センチ先も見えやしない。透明度の低い海は光も吸収するから、魚の色さえもなくなってしまう。つまり、海はどこまでも広いのだけれど、実際には透明度のぶんしか奥行きのない水槽を作るのと同じことなのだ。

実は、こういう発想はすでにある。全国各地にある「海中展望塔」だ。灯台を逆さまにして水中に沈めたようなものと考えればいい。あるいは北海道の「サケのふるさと 千歳水族館」には川の側面に観察窓が作られていて、季節になれば野生のサケが遡上《そじょう》する様子を観察できる。これはなかなか感動する。

ただそれらは、自然の海や川を見るという点では十分に楽しくはあるのだが、見えるようで見えないという、なんとも歯がゆい思いをすることも避けられない。

みなさんが水族館で感じる水中の透明感は、完全に人工の透明度で、あれほど透き通った海や川は、地球のどこにもないほどの奇跡の水なのだ。

サケのふるさと 千歳水族館には自然の川をのぞく窓がある

水槽の窓が割れることはないの？

割れないガラス、アクリルガラス

すでにご存知かと思うが、水槽の透明な窓はガラスではない。アクリルという透明なプラスチックの素材で、アクリルパネルとかアクリライトと呼ばれている（どちらも商品名なので、ここではアクリルガラスということにしよう）。

アクリルガラスはもともと、戦闘機やヘリコプターの丸いコックピットフードのために開発されたのだそうだ。ガラスのように透明で、ただしガラスよりも強く、曲線に形成できる素材、それがアクリルガラスだ。

プラスチックだから、ガラスよりも大きくできて軽

透明なドーナツ型が二重になり、外からも内側からも観覧できて、透明トンネルもある。アクリルガラスはこんな水槽も可能にした（富士湧水の里水族館）

い。粘りがあるので割れにくい。透明な接着剤でとても強くくっつく。曲げたりカーブを描かせることができる。数字で表すと、重さがガラスの半分で、強度はガラスの15倍なのだそうだ。

なによりも、アクリルガラスは、ガラスよりもはるかに透明度が高かった。それが、その後の水族館を変えることになった。

かつてガラスしか水槽の窓を作る材料がなかったころ、窓の大きさや、取り付ける深さは限られていた。

また、傘の先で突かれて割れてしまうこともあった。

では、ガラスを厚くすればどうだろう? 残念なことに透明に見えるガラスだが、そこに混じっている成分のために色がついている。ガラスを重ねたり、断面から見たりすると、きれいな緑色に見えるだろう。つまりガラスを厚くすると、透明度が低下するのだ。さらに、作るのに高温が必要なガラスは、一定以上の大きさのものを作るのは困難で、つなぎ合わせることもできない。

それが、アクリルガラスの登場で、ガラスの呪縛《じゅばく》から解き放たれた。巨大で透明感のある窓をもつ水槽、アーチを描くトンネル型の水槽、枠のない水槽など、さまざまな水槽が発表されるようになったのだ。

アクリルガラスの技術は進歩し、重ねてもつなぎ合わせても、ほとんどつなぎ目が分からないようになった。あのギネスに登録されたという高さ8・2メートル、幅22・5メートル、厚さ60センチのアクリルガラスも、何枚もの板を重ねてつなぎ合わせた1枚板である。

地震のとき、水族館は安全？

地震に強い巨大な水槽

もし、巨大な水槽が壊れたらいったいどうなるのか？　それを考えると、水族館は癒《いや》し空間どころではなくなる。心配性で臆病なボクなど、自分で考案した、前・上・左右の4面アクリル窓になった水槽のギャラリーを人に自慢しながら、自分では入るのが怖かったほどだ。阪神淡路大震災のとき、神戸市の須磨《すま》海浜水族園は、もっとも被害の大きかった地域のまっただ中にあった。地震で水槽から水がなくなり、大量の生物が死んだ。しかし、震災から半年後に訪れたときには、まるで何もなかったかのように水族園は生き返っていた。

実は、水族館は地震にはけっこう強い。通常の建物を支えているのは柱や壁だが、水族館にはそれに加えて、何百トン何千トンという水を逃がさないようにしている分厚い水槽の壁があるからだ。

内側の水は重くて危険そうだが、水槽の中で津波が発生するわけもないし、逆に重石となって、建物をぐいと固定してくれる。

水槽の透明な窓が気になるだろうが、現代の水族館では、割れやすいガラスはほとんど使われず、粘りがあって壁のように分厚いアクリル製だから絶対に割れることはない。そして、これもまた水槽の大量の水が、圧倒的な力でアクリルを押さえつけているおかげで、内側に倒れて外れてしまうということもないのである。

では、なぜ須磨海浜水族園では大量の水が漏《も》れてしまったのか？　それは、水槽と濾過《ろか》槽をつなぐ、パイプが破損したからだ。巨大な水族館では、場所によって揺れ方もちがっただろうし、水の重さで余計には揺れない水槽と、はねるように動いた場所がある。それらを貫通している塩化ビニール製のパイプは、曲がり、ねじれ、ひとたまりもなく破裂したり、外れたりしてしまったのだ。

水槽には、さまざまな場所に穴が開けられ、それがパイプにつな

地震にもびくともしなかった、須磨海浜水族園の大水槽

がっている。一番底の穴につながっているパイプが、水を止めるバルブの前で割れてしまったら、もう止めるすべはない。一気に底まで水はなくなってしまう。

地震でなくても、水族館ではよく床まで水浸《みずびた》し事件が起きるのだが、水槽が壊れたということはまずない。そのほとんどが、配管パイプが外れたとか、パイプを割ってしまったことによる。

水族館のバックヤードツアーなどでは、パイプを蹴《け》飛ばしたりしないよう、くれぐれもご注意を。でも、地震などで壊れる心配はしなくていい。

どの水族館も、似たり寄ったりなのはなぜ？

どこにでもいる流水の妖精

28〜30ページで紹介した超こだわり水族館たちはともかく、全国の総合的な水族館は、どれも似かよっていることが多い。

たとえば、かつて珍しかったラッコは、今や動物園のライオンと同じくらいにどこにでもいるし、ラッコの水槽の陸上部にポカリと開いた穴も、別にそれが決まりではないのだが、たいていの水族館のプールには開いている。

イルカショーやアシカショーで演じられる演目はみんな一緒だし、キングペンギンはどの水族館でもパレードをする。クラゲのコーナーも、流氷の妖精クリオネでさえ、特別なものではなくなった。

全国の水族館が同じようなことをしているのは、この業界が、お互いの真似《まね》やいいとこ取りを容認する社会だからである。知的財産権がクローズアップされているこの時代には珍しい習慣で、動物園・水族館の特殊文化であるともいえる。

クリオネ（ハダカカメガイ）。流氷の妖精と言われていながら、南国の水族館にも淡水水族館にもいる

これは、おそらく、日本の動物園・水族館の業界は、公立の動物園と水族館が中心になってきたことによる。行政とは国でつながっているものだから、地方の行政間において、秘密などあってはならないのだ。

その延長で、動物園や水族館の間にも垣根はなくなっているのだと思う。どこかの水族館で新しい飼育技術を開発すると、研究発表や論文にして公開することが通例となっているのは、ほかの業界では考えられないことだろう。

たしかに、そういう知的財産を共有する文化によって、日本の水族館の底上げにはなっているのかもしれないが、水族館好きにとっては、どこも同じで、どうも面白くない。

館長や経営者の中には、「よその水族館のなにかれが人気だから、すぐに視察して飼い方を聞いて、うちでも取り入れろ」とやる人たちもいる。それがすぐ隣にある水族館の真似であってもだ。

入館者を増やすためにやっているつもりかもしれないが、これでは、本当の水族館ファンをなくしてしまうことになる。

そうそう、近ごろでは、どこに行ってもカクレクマノミの水槽がある。ニモの水槽というやつだ。全国の水族館で示し合わせて、アニメ映画のPRをやらかしたせいだが、公益的な目的を持つ社会施設である水族館を、組織的にあそこまで全国規模でのせさせたディズニーがすごいということなのか、それとも……。少々悩ましいところである。

水族館の水はなぜきれいなの？

水族館の水はどこからくる？

ダイバーの方ならよくご存知だと思うが、水族館の水槽は、自然の海や川よりきれいだ。そうでなければ魚が見えなくなるのだから、きれいなのは当たり前だけれど、その当たり前の状態を作りだすのは、なかなか難しい。

水泳のプールは、とてもきれいだ。オリンピックなどを見ていると、プールの端から端まで、すっかり見渡せるくらいの透明度がある。でも、殺菌もしっかりされている水泳用のプールでは、金魚でも生きられないだろう。魚は水で呼吸をしなくてはならないから、水槽の水をきれいにするには、プールの水の透明度を上げるのと同じ理屈ではダメなのだ。

水族館の水は、日本ではたいていの場合、海水なら近くの海の水を使っているのだから、もともとはふつうの水だ（海外の内陸部では海が遠いので人工海水を使う）。

でも、ふつうの水というのが、なかなかくせ者で、たとえば海からくみ上げる海水には、細かい泥や砂が入っている以上に、小さなプランクトンや生物の卵が入っている。それらの生物が大繁殖したときには、水槽が真っ白に濁《にご》り、なんにも見えなくなってしまうのだ。

これを防ぐために、海から海水をくみ上げると、まず濾過《ろか》を通して貯水槽に貯《た》めておく。海水をくみ上げる口を「取水口」と呼ぶが、取水口は、水族館がある海岸の沖に、海底から立ち上がる煙突のように設置されることが多い。

どちらにしても、大きな川が近くにあったり、陸の雨水が注ぎ込むような場所では、淡水が混じって海水が薄まってしまうので使えない。また、底が泥や砂の遠浅海岸では、巻き上げられた砂泥が取水口から大量に入ってくることになる。そのため、遠浅の海岸にある水族館では、遠くても岩場の近くまで取水口を引っ張って行ったり、遠浅のかなり沖まで取水口を引っ張って行く。

埋め立て地や砂浜にある水族館では、その場に穴を掘って濾過材になる石や砂を詰め直し、その真ん中に井戸を掘るという方法をとることもある。そうすることで、周囲の海から浸透《しんとう》し、自動的に濾過された海水を、常に井戸の中に準備しておくことができるのだ。

取水口と、そこから水族館までつづくパイプは、直径が数十センチから、ときには1メートルを超えることもある太いものだ。しかし、そんな太いパイプも、放っておけば水の通りが悪くなる。パイプの内部に、付着性の貝類やフジツボなどが、ぎっしりと繁殖し始めるからだ。

それらの生物たちは、潮流に流されてくるプランクトンを主な食事にしているので、常に新鮮な海水が流れ込んでくる取水のパイプ内は、実にいい環境になっている。

それで、取水口とパイプの清掃には、莫大《ばくだい》な費用と時間を費《つい》やしている。恐るべし、付着生物たちである。

水槽の水がいつもきれいな理由

水族館の貯水槽などに貯められた、濾過済みの水は、一般的には、暖流系の水槽に行く経路と、寒流系の水槽に行く経路に分けられる。それぞれ、暖められたり冷やされたりして、それぞれの貯水槽で、水槽に行くときまで待機する。

貯水槽から水槽にやってきた水は汚れたら捨てるわけではない、海から無料で手に入る海水だが、先にもお話ししたように、プランクトンや生物の卵が混入している海水を、どんどん入れていては、水槽がいつなんどき濁ってしまうか心配だ。

また、大都市の内湾奥深くにある水族館では、どれほど沖に取水口を取り付けても、求めるような質の海水が得られない。そんな場合には、沖から船で水をくんでくる。

さらに、水族館が海から離れたところにある場合は、遠く離れた沖で海水をくみ、港で給水車やタンクローリーに積み替えて水族館まで運ぶ。そういった海水は、輸送コストだけで、

水族館の裏は、まるで巨大な工場のようだ（新江ノ島水族館）

1トン（1メートル立方）あたり数千円になるというから、膨大な水を使う水族館において、海水は思いのほか貴重品なのだ。

さらに、その水を暖めたり冷やしたりしているのだから、それをいちいち捨てていたら、もったいなくてとても湯水のようには使えない。だいたい、自然環境の保全を訴える水族館のポリシーに反するというものだ。

そんないっぱいのいろんな理由で、ほとんどの水族館では、水槽の水は濾過循環して使用している。

濾過の仕組みは、濾過砂という大小の砂の層に水を通すことで水をきれいに保つのだが、それで目に見えるような不純物をこし取るだけではない。濾過砂の中には、濾過バクテリアという、生命維持に有害な物質を好んで食べるバクテリアがたくさんいて、かれらが濾過のほとんどを担《にな》っているのだ。

濾過バクテリアには、好気性バクテリアと嫌気性バクテリアの2種類がいるが、これらが実に息のあった活躍をしてくれる。好気性バクテリアには、魚の糞尿などタンパク質の有害なアンモニアなどを分解して亜硝酸に変えるものと、さらに、それを硝酸に変えるものがいる。そして、嫌気性バクテリアが硝酸を無害な窒素に分解する。

なにがなんだか分からないかもしれないが（実はボクも化学は苦手だ）、とにかく異種のバクテリアたちがよってたかって、有害物質を無害なものにしてくれるというわけだ。タンパク質は有害なだけでなく、色や匂いのもととなるため、バクテリアたちの活躍はとても重要だ。私たちが水族館を楽しめるのは、濾過バクテリアたちのおかげでもある。

近年では、水槽の透明度を上げるために、バクテリアの働きに加えて、化学的にタンパク質を酸化分解するオゾン発生装置や、そもそもの元凶となるタンパク質を、直接吸着してしまう装置なども活躍している。

バクテリアの活動する濾過槽は広さが必要で、水槽と同じくらいのスペースがいるし、化学的な濾過装置はとても高価なものだ。ボクたちが見ている水族館は、水族館全体の総床面積の半分ほど。建設費も見えている部分と見えていない部分は同じくらいかかっている。水族館の入場料金が高いのは、いたしかたないのかもしれない。

そして、飼育係のほとんどは、これらの設備のエキスパートでもある。生物たちの命を預かるには、動物のことだけに詳《くわ》しいのではあまり意味はない。それ相応のさまざまな知識や技術が必要なのだ。

水槽が曇《くも》っているのはなぜ？

梅雨時には曇りやすい

水族館の水槽が曇るのは、家や車の窓が曇るのと同じ理由だ。窓の曇りは、外が寒くて室内が暖かいと起こる。室内では水分が暖められて水蒸気になりただよっているが、その空気が外気温で冷たくなった窓に当たると、冷やされて液体に戻る。その細かな水滴が窓に露のように付いて曇るのだ。これを結露《けつろ》という。

水族館には、2種類の曇っている水槽がある。ひとつは、カエルの水槽のように、内部が常に暖かくて、水面上までガラスになっている水槽だ。こういった水槽は観覧通路側が寒いとき、内側から曇る。内側には水がたっぷりあって、湿度はカエルが快適なくらいに高いのだから、結露しないほうがおかしい。

そして年中よく曇っているのが、ラッコや深い海、渓流など、冷たく冷やされた水槽だ。観覧通路側の気温は、夏でなくても大勢の人がいるためにどうしても暖かくなり、さらに、呼吸や汗で湿度も高くなる。そうすると、水槽内の低温との温度差で、外側に結露をするようになるのだ。
梅雨どきだと、通路側の湿度はとても高いし、夏前で気温もかなり高くなっている。さらに、雨が降ると水族館には人がたくさん入るので、最悪の状態になってしまい、霧の向こうにかすんだラッコを見ることになる。

しかし、そんな悪条件でも曇っていない水族館もある。それは、ガラス窓の上から乾いた冷風を吹きつける装置が付いているからだ。車の窓が曇ったときには、エアコンから曇り止めの冷風を出すのと同じ原理だ。窓の表面の温度と、その周りにある気温の差がなくなれば、結露は起きない。極地の海など、もっと冷たい水槽の場合には、窓を二重にすることもある。二重の窓の間に、シリカゲルなど乾燥剤を通した空気を循環させる。水槽の表面を乾かして結露しないようにし、さらに外側の窓との間を空気の層で断熱するという方法だ。

ラッコのように人気者だったり、極地の生物のようにお金がかかっている水槽だと、強力かそうでないかは別にして、曇り止めの工夫はたいていの水族館でされている。けれど、冷たいところに棲むカニや魚などの水槽には、ほとんどの場合、そんな装置は付いていない。結露で曇って中が見えないときには、手で拭《ふ》いてもびしょびしょの濡れガラスになるだけだから、布で拭くに限る。水族館に行くとき、特に写真など撮りたいのであれば、バンダナか手拭いを1本持っていくと重宝する。

水槽の岩はどうやって入れるの？

水槽の岩はすべて擬岩

まあ、特に説明することもないとは思うが、水族館にある岩は、すべてにせものの岩「擬《ぎ》岩《がん》」だ。巨大な水槽の中にそびえ立つ切り立った岩礁《がんしょう》や、数メートルもの落差を落ちる滝など、本物の岩で作っていたら、重いばかりか、危険でしょうがない。

材料は、硬質プラスチックのFRP樹脂《じゅし》と、コンクリートであるGRCがよく使われる。どちらも自由自在に岩を作り上げることができるのだが、それぞれに長所と短所があり、使う場所や、入れる動物などによって、どちらかを選択することになる。

もともと岩石に近い質量のあるGRCは、軽いプラスチックであるFRPよりも、仕上がったときの質感がよく、さらに強い力が加わってもびくともしないほどの強度も持っている。

しかし、そのぶん、GRCはやはり重いのだ。また、GRCでは現場で左官作業をするように塗っていくという手間がかかり、その後もコンクリートから出るアクが、長い期間しみ出るので、アク抜き期間を設けないと、魚類などを入れることはできない。一方、FRPのほうは、工場で適当な大きさに分けて作ってくることができ、現場ではそれをつなぎ合わせて貼り付けるだけでいい。

ちなみに、新江ノ島水族館の大水槽の中の擬岩はGRCである。すぐ近くで見ることのできる自然の江の島の、岩礁海岸から水中までを再現したので、できるだけリアリティーのある擬岩がほしかったのだ。

擬岩作りは、ある意味アーティストの世界だ。小さな四角の水槽の中に、いかに自然を再現し、いかに奥行き感を出させ、かつ動物たちのすごさを見せることができるか? まさしく、四角いカンバスに向かう、芸術家の心境なのである。

さらに、それを作る工事現場の職人さん以上に、水族館側のプロデューサーは、今から再現しようとする自然環境のなんたるか、そのために使おうとする手段リアリズムのなんたるかを理解した上で、すべての情報を把握《はあく》していなくてはならない。

水族館の擬岩は、動物の派手さに隠れて影が薄いか、逆に動物を隠す逃げ場になって、観客からじゃま者あつかいをされることだってある。しかし、水槽そのものを、本当の海につなげ、際限のない奥行きをつけるのは、擬岩なのである。

ところで、擬岩ができるまでは、どうしていたのか? 飼育係が、巨大な岩を組んでいたのだ。一人では持てないほどの岩を二人がかりで持ち、自然に見せかけたアーチを作ったり、山を作ったり。ボクもかつてやっていたことがある。少しばかりの絵心に、ありったけの腕力と根性が必要な、体力派アートの世界だった。

このサンゴ礁はすべて擬岩。本物より迫力がある
（しまね海洋館アクアス）

波はどうやって起こすのか？

波動砲、発射！

自然そっくりの景観があれば、自然そっくりの波や流れがほしくなる。欲望というのは神に近づこうとするヒトの原罪なのだそうだが、水族館作りというのは、なるほど世界創造の魅力を秘めている。

さて、その波だが、いくら水槽の創造主たらんとしても、実際の波を起こす力となっている月や太陽の引力を再現することはできない。ここは、浅はかな人類がひねり出した機械の力を使うしかない。それを引っくるめて「造波《ぞうは》装置」と呼んでいる。

造波装置そのものは、水族館独自のものではなく、造船所での波の影響の実験や、レジャー施設の波のプールでは、ごく一般的に使われている。プールの端でフラップやピストンを動かすことによって、水面に波を送るのである。片端で起こされた波は、他方の端に向かって進み、浅瀬に吸収されたり、消波用の水路に落ちることで消える。

水族館の水槽の場合には、造波装置は、擬岩の裏に隠されている。中には波のプールと同じように遠浅の砂浜を模した水槽もあるが、多くは岩礁に砕ける波を再現するための造波装置だ。

　岩礁に砕ける波を表現するには、なまはんかな波を起こしても、岩で砕け散る力としては小さい。そこで、岩の奥に巨大な獅子《しし》脅《おど》しを仕掛けておいて、バケツ20杯くらいの水を、一時にザバーン！とぶちまける。造波装置というよりも水のぶちまけ装置だ。

　ぶちまけるだけでは、それこそただ水がはね散るだけなので、ぶちまける先の擬岩に工夫をこ

打ち寄せる波に、観覧者も歓声をあげる（新江ノ島水族館）

らす。水しぶきがいかにも波頭のように盛り上がる道を作るのだ。さらに、別のところから、泡を含んで白くなった海水を吹き出させ、水面下に広がる波の景観を演出する。こうした作業によって、最新の水族館では、波の砕《くだ》ける岩礁の下、という興味深い海中の様子を再現できるようになった。

波よりも、水面下の水流の動きが要求される水槽もある。本物の海藻・海草のたぐいを育成している水槽だ。海藻や海草は、水中に適度な水の流れがないと腐ってしまうため、あっちにゆらゆら、こっちにゆらゆらとしている必要があるのだ。なんの変哲もない海藻の水槽があったら、海藻がどんな動きをしているかよく観察していただきたい。どこかに造波装置の働きを発見できることと思う。

ところで、水族館スタッフの中には造波装置ではなく、「波動装置」と呼びならわしている者が少なくないのだが、造波と波動では意味がちがう。波動と呼ぶ人は、ちょうどボクくらいの中高年世代だ。ほぼまちがいなく、宇宙戦艦ヤマトに影響を受けている。きっと毎朝、造波装置のスイッチを入れるときに「波動砲、発射!」とやっているのにちがいない。

第二章

水族館の動物たちの不思議

動物たちはどうやって水族館に来るの？

イルカの担架

水族館の裏をちらっとのぞいたら、似つかわしくないものを発見！　担架だ。ケガ人などを運ぶあの救急用の担架がいくつも立てかけてある。なるほど水族館だもの、水難事故はつきものなんだろう。

いや、そんなわけはない。だいいち担架にしてはちょっと大きいし、よく見てみれば布に2つの穴がある。これでは、足がぷらぷらと出てしまうではないか。

実はこの担架、イルカを運ぶための特製担架である。プールからプールへ、そして海からプールへと移動するときに、陸上を歩くことのできないイルカは、担架に乗って運ばれる。

イルカだけでなく、マナティーやジュゴンなど、魚類型をした海の哺乳動物は、たいていこの担架のお世話になる。まあ、イルカにとってはあんまりお世話になりたい代物ではないはずだが、小型のイロワケイルカから、大型のジュゴンやオキゴンドウ用にまで、体長や体重に合わせて、さまざまなサイズの担架が、水族館には用意されている。

引っ越しのときに、担架に乗せられ、クレーンに吊られたオキゴンドウ（新江ノ島水族館）

布に開いた2つの穴は、彼らのヒレを出す穴だ。ヒトはあおむけになって担架に乗るのがふつうだけど、イルカたちの場合は、うつぶせになって、穴から両腕（両ヒレ）を出して乗るのである。穴はイルカの腕がしびれないためについているようにも思えるが、それよりも、イルカが前後にずれて担架から落ちてしまわないためのストッパーとしての役目が大きい。

水中から上げられたイルカは悪気もなく暴れるし、体がつるつるなので簡単に滑り落ちてしまう。もちろん、飼育係だって悪気があって担架に乗せるわけではないのだが、あいにくイルカにはその気持ちが伝わらない。もとのプールに戻ろうと暴れるのはしょうがない。

それでも、担架に乗せられて、両腕を穴に収められ、水面から持ち上げられると、ほとんど動きがとれなくなる。飼育係は、さらにイルカの目に黒い目隠しの布をかけてあげる。暴れていたイルカも、目隠しをされると落ち着くのか、逆に周りが見えなくて暴れるのが不安になるのか、あるいは夜だから寝なくちゃと思うのか（……はないと思うのだが）、たいていは静かになる。

もちろん、それでも暴れるイルカもいるのだが、そのうち観念したかのように暴れるのを止める。さすがに頭のいいイルカ、暴れることの無意味さを理解するのだろう。イルカは状況判断をして理性を保っているのかもしれない。

移動の距離や時間が短い場合には、担架に乗せたらそのまま一気に運んでしまう。この担架というのがけっこう窮屈《きゅうくつ》なもので、一度

■イルカとクジラ■

イルカとクジラのちがいは大きさだけ。およそ５メートルより大きければクジラ、小さければイルカだ。なんてアバウトな……。きっと、漁をするときに、大勢でするかどうかで決まったのだろう。英語のドルフィンとホエールのちがいも、ほぼ同じ大きさで決まっているから、ヒトの考えることは変わらない。

オキゴンドウの場合は、成長したオスが６メートルほどになるから、ぎりぎりクジラの範囲で、体重も１トンを超える。なお、ゴンドウとは巨頭という意味で、形からしてもなんとなくクジラのイメージだ。

マナティーやジュゴンは鯨類ではない。海牛類（かいぎゅうるい）で、海や川の浅いところに棲み、海草や水草を食べている。陸上のゾウに近い仲間で、イルカに比べて太って重い。

乗り心地を試してみたのだけど、自分の体重で両脇が締められて、実に不快というか苦しいものだった。

　そんなものに揺られて、何のためなのか、いつまでつづくのかも分からずに、目の前真っ暗にされて運んで行かれるのだから、イルカにとってはそうとう不安な気持ちになるだろう。飼育係もそんなイルカの気持ちをよく知っているから、素早く作業を進める。

　ところで、担架の布は、どの水族館でもヒトの担架と同じ白色だ。別に何色でも構わないようにも思えるが、これには意味がある。イルカにとって無理なことをするのだから、ときにはケガをすることもある。そんなとき、担架が白だと血の色がすぐに目につくし、すり傷からばい菌が入ったりしないよう清潔に保つためにも、やはり白が好ましいのだ。

クジラの箱根越え

イルカの担架は、ヒトの救急用と同じで、短い距離の移動のために利用されるものだ。遠距離を移動するときには、船やトラック、それに近ごろでは海外から運ばれることが多いから、飛行機に乗ることもある。

　行き先のプールが遠かったり、トラックなどでの移動がまだつづく場合は、まず背中に火傷《やけど》止めのクリームを塗り、さらに、背中にタオルをかぶせ、その上から水をかける。

ハナゴンドウ（新江ノ島水族館）。最大で４メートルくらいだから厳密にはクジラではなくイルカ。しかしそもそもイルカとクジラのちがいは見てくれだけなので、風貌によってクジラというのもありだろう。体をこすると白いすじがつき、その模様が花のようだというので花巨頭と名付けられた

子どものころ、プールや海で我を忘れて長い時間遊んでいるうちに、水に体温を奪われて、しまいにはぶるぶると震え出してしまったことがあるだろう。それとは逆に、イルカたちはふだんは冷たい水中にいるのが当たり前の体なのだから、水面に上げられるとすぐに暑くてしょうがなくなるし、皮ふが乾けば火傷してしまう。だからクリームと濡れタオルで皮ふを守り、タオルの気化熱によって体を冷やすのである。

捕獲《ほかく》されるなどして、船に引き上げられたイルカは、わりあいむぞうさに甲板上に並べられる。腹の下にスポンジなどを敷いて、ころころと転がらないように固定し、火傷止めのクリームとタオルで保護する。船の甲板は波や雨をかぶっても平気なようにできているから、飼育係は、周りにいくらでもある海水をくみ上げて、

ホースやバケツでざばざばとかけてあげる。

新江ノ島水族館には、40数年も前にバンドウイルカとハナゴンドウを搬入《はんにゅう》したときの映画が残っている。船で水族館まで運ばれてくるイルカ、トラックに乗せられて箱根越えをしてくる巨大なハナゴンドウ。たしか題名は「クジラの箱根越え」とかいう、なんとも勇壮な題だった。すっかりセピア色に変色したその映像を観ると、映っている車や風景ははるか昔のことなのに、イルカたちの運び方は今とまったくちがわない。担架で、船からプールへ、船からトラックへと運ばれ、タオルをかけて水をざーざーかぶせながら、箱根越えをしているのだ。なんと水族館業界では、その後何十年も技術革新がなされていないのである。

さてしかしながら、かつては箱根に海水をざーざーと流しながら走ってきたとはいえ、現代の道路事情で、海水を流しながらトラックを走らせるわけにはいかない。さらに飛行機の場合、一滴の水漏《も》れも許されず、そもそも水のような重いものを積むことだって、いい顔をされないだろう。

そこで、水漏れのしない箱を用意し、イルカを担架に収めたまま、箱の中に吊るす方法がとられる。箱の中には厚手のスポンジなどが敷かれてあって、イルカは担架に締め付けられて吊り下げられるのではなく、腹側のスポンジに体重をかけられるので、かなり楽になる。よく慣れたイルカは、飼育係とのスキンシップにも応じる。

イルカやジュゴンは、海で暮らしていても哺乳動物なので、内臓を守るあばら骨も発達しているから、体が乾かず、体温を上げないようにすれば、わりあい長い時間の移動を耐えることができる。南米のマゼラン海峡から日本にイロワケイルカを運んだときの時間は、地球を半周してさらに日本国内での輸送だったので、30時間を超える移動だった。

魚はどうやって運ぶのか?

イルカやアシカなどの海獣が、水をざーざーかけてあげるだけで運べるのは、祖先が陸上の動物だったからだ。では、一度も陸上にあがったことがない魚類はどうやって運ぶのだろう?

そもそも、海獣は空気を呼吸するが、魚類はエラで水を呼吸する。水を呼吸するといっても、基本はボクたちと同じで、水中の酸素を取り入れて、二酸化炭素を出しているのだ。だから、運ぶときにも常に新鮮な酸素がとけ込んだ水の中にいないと、窒息してしまう。

食用のタイやヒラメなどは、荷台が水槽になったトラックに入れて運ばれる。海水の量に対して魚の数が大量なので、酸素をぶくぶくと入れつづけて走るのである。水族館の裏の駐車場をのぞいてみると、そんな鮮魚輸送車と同じようなトラックが置いてある。

荷台に積まれた水槽と、大きなボンベ(酸素入り)が立てられたトラックだ。このトラックで、なじみの漁協や漁師さんのところを回って、魚を調達してくるのである。

でも、魚がやってくるのが遠方だったり、希少な魚で1匹や2匹だったり、それが小さかったりしたときには、そのためにトラックを走らせるわけにはいかない。

そんなときには、酸素パックという方法を使う。なんだかすごく若返りそうなパックのようだが、そのパックではない。丈夫なビニール袋に水と一緒に、酸素を余分にパックする方法が、通称「酸素パック」だ。

酸素パック

やり方はとてもシンプル。水をいれたビニール袋に魚を入れる。そこまでは、金魚すくいのおみやげ金魚をイメージしてもらえばいい。そのビニール袋に酸素をいっぱい詰め込んで、水も酸素も漏れないように、袋の口を輪ゴムでしっかりとしばるのだ。袋が酸素でパンパンにふくらんでいたら、それでＯＫ！

あとは酸素パックの袋が破れないように、しっかりした段ボールの箱に入れれば、このままで、1日以上魚は元気に生きていることができる。酸素パックの袋をしっかり断熱保温（保冷）すれば、アマゾンからでも、南極からでも飛行機で運んでくることができるのだ。

column

地球の裏からやってきたイルカ

1986年、世界最南端の都市、南米チリのプンタアレナス。ゴーゴーと風の吹きさぶマゼラン海峡が目の前に波打つ街だ。そして市の中心からおよそ200キロほど離れた石油基地に、捕獲したイロワケイルカのプールがあった。この地から日本まで、11頭のイロワケイルカを運ばなくてはならないのだ。

チリ唯一の航空貨物会社の社長と、打ち合わせをしたことを思い出す。「ここから太平洋の島づたいに給油して日本まで。そうか、飛行機のエンジンを1基新品と取り替えなくちゃな。2カ月待ってくれ」彼はヒゲをねじりながらいった。なんだか心配になった私は聞いてみた。「日本には何回くらい飛んでいる？」そしたらニヤリとしながら「いや、一度も。でも地図を見りゃ分かるよ」ときた。マジっすか……。

しかし、選択肢はそれしかなかった。以前、サンシャイン国際水族館が単独でイロワケイルカを輸入しようとしたとき、捕獲も輸送もなにもかもうまく行っていたのに、アメリカ合衆国で飛行機の給油をするときに、取り上げられてしまったことがあるのだ。アメリカの空港ではアメリカのい輸出入の書類もしっかり整っていたにもかかわらず、うことを聞けといって……。そして取り上げたイルカはアメリカ国内で飼育されることになった。

　アメリカという国は、こういうことをよくする国だ。日本人には野生生物を飼う資格はない。たとえ輸出国の許可があったとしても、圧力でその許可証が不正だったということに改ざんしてしまう。その多くは、動物保護活動家からの働きかけによるもので、アメリカ人には飼育する資格と理性があると主張する。それは特にイルカ類に対して強くなる。

　そんなわけで、イロワケイルカは、日本に行くのは初めてというチリの航空会社の飛行機で、新品のエンジンと社長じきじきの操縦によって、南太平洋周りという航路を通って運ばれることになった。

　機体は大きなB－707をもちろん貸し切り、

イロワケイルカ（鳥羽水族館）。プンタアレナスは、南米大陸の最南端にある、マゼラン海峡最大の都市。南緯53度の高緯度と吹きすさぶ風のおかげで夏でも寒い。イロワケイルカはマゼラン海峡にだけ生息する

カーゴスペースに飼育係たちの人数分の席を取り付けて、積み荷は担架に乗せたイルカを入れるふたのない箱と、イルカにかける水だけだ。

イロワケイルカは、ただでさえ冷たい海に住んでいるイルカなので、カーゴ内は寒く保ってある。問題は、途中の給油地の南の島々だ。給油中はエンジンを止めなくてはならないから冷房ができない。どうやら空港には電源車もないらしい。それで、大量の氷を用意してもらうことにした。同乗する飼育係は、ホッカイロと分厚い防寒具を着たままだ。作業を交代するたびに、眠ろうとしてもあまりにも寒くて眠れなかったそうだ。

それでも成田空港に到着。その後は、行く先の水族館によって運び方がちがう。成田から遠くて、近くに飛行場もない鳥羽水族館では、大型のヘリコプターをチャーターした。

マゼラン海峡の石油基地からプンタアレナス空港へのトラック輸送、プンタアレナスから太平洋を斜めに地球半分ほどを横断する飛行機輸送、成田からヘリコプター飛行場までのトラック輸送、そしてヘリコプターによる水族館までの輸送。丸2日の輸送にイロワケイルカたちは耐え、みんな元気にプールで泳いだ。

今では、それぞれの水族館で繁殖をし、そのときに運ばれてきたイルカたちの子孫が、日本中の水族館で人気者になっている。

巨大なジンベエザメを運ぶ方法は？

水から上げると弱いサメの仲間

ジンベエザメやシャチなど、何トンもある動物は、飼育することよりも水族館に運んでくることのほうが難しい。水中から取り上げるのも、タモ網ですくうことなどできない、というかそんな巨大なタモ網が存在しない。

サメはいかにも強そうで体も固く、鮫肌におおわれて丈夫そうに見えるのだが、輸送にかけては見かけ倒しだ。サメとエイの仲間は、ほかの魚類からはかけ離れたグループの特殊な魚類で、骨は軟骨でできていて、エラにはエラブタがない。肌も鮫肌と呼ばれる特殊なウロコでおおわれているか、エイのようにウロコがなかったりする。

骨が軟骨でできているなんて、想像できるだろうか？　いわば体の芯から軟弱者、水中でなければ暮らしていけない。もちろん、その弱さは輸送には致命的で、水中から取り上げると内臓を傷つけるおそれが高い。特に2メートルを超えるサメになると、体重も重いので、陸上に長く上げていると、自分の体重で内臓を痛めることになる。

いおワールドかごしま水族館では、ジンベエザメの一生を考え、5・5メートルの大きさになったら放流するという方法をとっているので、何度も移動を行う

まるで、仰天《ぎょうてん》世界一のデブ男みたいなコメントだが、そもそもサメは水中で一生を終えることを前提としているので、見かけ倒しだろうがなんだろうがしょうがないのだ。だから、イルカのように担架で吊るして、船の甲板やトラックの荷台で運ぶなんていうことはしない。

ジンベエザメを3頭も飼っている海洋博公園沖縄美《ちゅ》ら海《うみ》水族館には、船の形をした生け簀《す》「曳航《えいこう》コンテナ」なるものがあって、ジ

ンベエザメを水中に泳がせたまま、大型船で曳航コンテナごと引っ張ってくる。

しかしどこかでは水面上に引き上げなくてはならず、そのときには、幅の広いキャンパスで作った網で、ハンモックのようにくるんで引き上げる。

それほど大きくないサメの場合には、キャンパス製の巨大な輸送水槽が使われる。これだと、強力なクレーンで、サメを水槽に入れたまま船からトラックへ、トラックから水族館の水槽へと移動できる。サメにとっては、快適とはいえないまでも、痛みをともなわない移動の方法だ。

キャンパス製の移動水槽は、サメだけでなく、同じく巨大なエイや、その他、水上に持ち上げるとスレができる魚類にはよく使われる。

ウロコが破損するスレは、ケガの治癒《ちゆ》力が低い魚類にとって致命的なダメージになることが多い。爪がはがれて、そのまま水仕事ばかりしているようなものだ。ああ痛そう……。マグロなどは、水槽からほかに移すときには、スレの出やすいタモ網は使わず、なんと1匹ずつ釣り上げるのだそうだ！

体長が5メートルを超えるシャチは、水族館、動物園を問わず、もっとも大きな飼育動物のひとつだ。シャチは鯨類だから、イルカと同じ輸送方法でいいかといえば、やはり地上で長い時間その重さを耐えるには無理がある。

名古屋港水族館では、シャチを和歌山県の太地《たいじ》から輸送したときの映像が流されている。長い距離の輸送でシャチに負担がかからないように、海上輸送がされた。砂利などを運ぶガット船は、船が大きなプールのようになっているので、そこに海水を貯《た》めてシャチを泳がせながらの輸送だ。

さすが、世界の商業港である名古屋港の管理組合が運営する水族館の運び方、船の使い方や積み卸《おろ》しが実にスマートである。映像では一緒に運ばれたバンドウイルカと比較すると、シャチの巨大さがよく分かる。

アシカやアザラシの移動はどうするのか？

歩道を往《い》くアシカの檻《おり》

アシカの仲間、それにラッコやペンギンなどは、水陸両用の動物なので、移動はとても簡単だ。小さいものなら大型ペット用の移動檻で移動できる。

成長したアシカの仲間は力が強いので、鉄製の移動檻を特注する。すでにショーなどに出ているアシカなら、トレーナーの指示とエサに誘導されて、自分から檻に入ってしまう。扉を閉められても、いつものトレーナーがそばにいれば、パニックにもならず落ち着いたものだ。

旧江の島水族館から新江ノ島水族館へアシカを移動したときには、その檻を台車に載せて、歩道をごろごろ引っ張った。アシカたちは、道行く車を珍しそうに見たり、すれちがう歩行者にあいそをふりまいたり、なかなか楽しそうだった。

しかし、体重が2トンもあるオスのゾウアザラシ「ミナゾウ」の場合は、そんなに簡単にはいかなかった。ミナゾウ用特注の巨大檻は、巨体のミナゾウにしてみれば頭をぶつけるく

らいに小さく感じたのだろう。途中まではエサにつられて入ってきたのだが、途中でなにか胸騒ぎでもしたのか、ピタッと止まって動かなくなった。

信頼されているトレーナーが先に入っても、まったく動こうとしない。しょうがないので、飼育係が後ろから追い立てて、なんとか入ってくれた。

でも、2トンのミナゾウを入れて、なおかつ壊されないように頑丈《がんじょう》に作られた檻だから、ミ

旧江ノ島水族館から新江ノ島水族館へ引っ越しをするオタリア。慣れ親しんだトレーナーに囲まれているからだろうか、周りにあいそをふりまく余裕も

ナゾウが乗ったら、大勢で押しても動かないほどに重い。檻の下にコロを入れて、ジャッキで引っ張りながら、みんなで押す。まるでピラミッド建設のための巨石を運んでいる古代エジプト人のようだった。

最後は、重量用のクレーン車のお世話になる。檻が傾かないようにバランスをとり、吊り上げたら大型トラックの荷台に乗せるのだ。新水族館のほうにも、別のクレーン車が待っていて、今度は新たな飼育舎へと、やはり檻ごとミナゾウを持ち上げる。

わりあい暑い日だったし、新しい飼育舎プールに落ち着いたミナゾウは、すぐにプールに飛び込むだろうと思っていたのだが、これがミナゾウくん、巨体に似合わず実に慎重《しんちょう》、なかなかプールには飛び込まないのだ。

そのうち、この飼育舎にひと足先に来ていたゴマフアザラシがミナゾウを誘いにきて、やっとのことで水中に入ったのである。

ミナゾウのように人に慣れ、神経が太そうな動物でも、いつものところから別の場所に移動させられるのは、不安で恐ろしい。ラッコなどは、見るからに問題なく移動を終えたところで、ショック死することもあるので、細心の注意が必要だ。

イルカやアシカはどのくらい賢《かしこ》いの？

動物の知性をヒトの基準では計《はか》れない

海獣類など、ショーに出ることが多い動物は、どれほど頭がいいのか、みなさんの興味をそそるようだ。それはもうしょっちゅう「イルカ（アシカ）って、どれくらい賢いんですか？」とたずねられる。本当は答えたくないのだけど、その理由をいうのも面倒なので「イルカはサルくらい。アシカは犬くらい（頭がいい）」と答えることにしている。

なぜ本当は答えたくないかといえば、それはボクが勝手に、しかもショーをとおしてだけ感じている実感だからだ。その基準は、彼らにとって不公平なこと。ショーにおける頭のよさなんてものは、ヒトの視点で見ている観客の基準で、ヒトのいうことをどれだけ聞くことができるかで判断されるものなのだから。

犬はヒトとともに暮らし、ヒトにほめられて満足する動物になるべく人為的に進化させられてきた動物だし、サルは進化の歴史の上で、ヒトに近いところにいる。ボクが勝手に、そんな動物たちと同じような反応が得られると思ったからといって、イルカやアシカの頭のよさが証明されるわけではない。

そんな程度のことではなく、イルカやアシカには、ヒトの叡智《えいち》では測《はか》り知ることができない頭のよさがあるんじゃないかと思うのだ。いや、きっとあるはずだ。たとえばイルカの、エコーロケーションによる通信とソナーの能力は、ヒトの感覚や常識からすれば並はずれた能力だ。もしかすると彼らは、それができないヒトを、彼らよりランク下の生物と認識しているのかもしれない。

そんな風に、基準をヒト以外にしてみると、どんな動物であれ、頭のよさを判じることはできなくなる。食べ物を得るために、仕事を探したり、魚を獲る道具から作らねばならないヒトより、何もしなくても浮いているだけで飽食できるクラゲのほうが、より進化し頭がいいという考えだってできる。

本当なら、水族館は、そのようなことを発信しなくてはならないと思っているのだけど、ショーをすることによって、意図していたことと逆の方向に行っているような気もする。そのあたりは、ボクの水族館人としての大きなジレンマだ。

けれども、これだけはいえる。イルカたち（鯨類）の頭のよさは、底知れない。ショーを基準にしても、ボクたちを感心させるだけのコミュニケーション能力を持ち、理解力を発揮する。ショーをやっている親から生まれた子どもは、親の真似をしてショーを覚えてしまう。

ジャンプがすごいとか、迫力がすごいというような見た目の評価だけでなく、その向こうにある彼らの底知れぬ能力や感受性に対して、ボクたちは、もっと驚《おどろ》き感動してもいいのではないだろうかと思う。

イルカの知性は、ジャンプ力でもショーをすることでもない。彼らはヒトをランク下の動物だと思っているのかもしれない

動物たちはヒトでいえば何歳くらい？

昆虫はいつから成人か？

「ヒトでいえば何歳くらい？」という質問も、「どのくらい賢いの？」と同じくらい悩ましい質問のひとつだ。

この問いは、新聞やテレビの取材に多い。読者や視聴者に、動物の年齢におけるリアリティーを出すためのようなのだが、なんでもかんでもヒトに置き換えて示そうとすると、逆にとんでもない誤解をまねくおそれがある。

なぜなら、基準にしようとしているヒトの年齢ほど、あいまいなものはないからだ。平均寿命ひとつとっても、日本人と、内戦や干ばつの起こっている国では、倍ほどもちがう。それは恵まれた国では、乳幼児の死亡率がおどろくほど低いし、医療の発達によって、サイボーグのようになりながら生きている人口がたくさんあるからだ。

それに比べて動物の場合は、過酷な自然の中で、しかもヒトが荒らして環境が変わりつつある中での寿命である。たとえば、ジュゴンの中には60歳と考えられる個体が見つかっているといわれても、それはヒトの平均寿命とはまったく比較の対象にならない。

さらに、性的に成熟した年齢の比較でも、動物が初めて交尾をした年齢を、性成熟したと考えて、じゃあヒトの性成熟は何歳なのか？という疑問に突き当たる。成人の20歳？それとも結婚してもいい年齢のオスは18歳でメスは16歳？しかし、そんなものは法律が勝手に決めた年齢だ。

先住民には、9歳で結婚して、10歳で子どもを産むという種族がいるが、おそらくそちらのほうが、ボクたちの常識よりも、よりホモサピエンスのオリジナルに近いのだ。もしジュゴンとヒトを比較するなら、ヒトも、日本の法律による年齢ではなく、その先住民のを比較の基準にするべきだろう。

あえて話を複雑にするが、卵からふ化して100日程度で独り立ちしたペンギンは、赤ちゃんなのか、子どもなのか、青年なのか。これはなかなか難しい。また、昆虫は何年も幼虫のままでいて、成虫になったときにはやっと性成熟しているわけだが、それでもう人生（虫生）の終わりでもある。つまり成虫になったばかりの昆虫は、ヒトの年齢で表現しようとすれば、「老い先短い成人」というわけだ。

「人間にすれば何歳くらい？」聞いているほうにとっては、けっこう気軽に聞いているつもりなのだろうが、答えるほうには、実に難しい問いかけなのだ。

水族館に国際保護動物がいるのはなぜ？

水族館の使命

国際的に野生生物を保護する条約でもっとも有名なのは、「ワシントン条約」＝CITES。正しくは「絶滅のおそれのある野生動植物の種の国際取引に関する条約」と表し、その表記どおり、捕獲や飼育あるいは食べることを禁じるのではなく、国際的な商取引を規制する条約だ。

象牙《ぞうげ》や鼈甲《べっこう》、あるいは美しい鳥などの剥製《はくせい》、野生生物の毛皮のコートや革製品といった、かつては富の象徴とされていたものは、野生生物からの略奪品だ。そのために殺され、絶滅を迎えようとしている動植物がいる。そんな理不尽を阻止するための条約なのだが、現在166カ国がこの条約を批准《ひじゅん》している上に、国際取引には、輸出国と輸入国があるから、輸出か輸入のどちらかで関係していたら、ワシントン条約は有効になる。もちろん日本は早くから批准しているので、ワシントン条約の中で、付属書（I）という、商取引によって絶滅のおそれのある動物リストに記載されている800種以上の動物の輸入はできない。

しかし水族館では、ウミガメ、ワニ、アジアアロワナ、ペンギン、ジュゴンやマナティー、スナメリなど、わりあい飼育されているものが多い。

これらの動物が水族館にいるのは、いくつかの理由がある。ひとつには、国際間の商取引を規制する条約なので、国内で捕獲される分には、ワシントン条約は適用されないから。もうひとつには、ワシントン条約を批准する以前に手に入れたか、付属書（Ⅱ）という輸出入の許可証があればいいリストに入っていたときに手に入れていたか

南極のコウテイペンギンは、日本には現在、白浜のアドベンチャーワールドと、名古屋港水族館にしかいない。南極には南極条約という決まりがあって、動物の持ち出しは禁止されているのだが、学術研究の目的ということで、産卵された卵を持ち出す許可をもらった。コウテイペンギンは、1つの卵しか産まないが、卵に事故があると、すぐにもう1個産んで育てるので、1個目の卵を素早くいただけば、南極のコウテイペンギンの数にも影響を与えないという計算だ

ら。さらにもうひとつには、上記のような理由で手に入れていたほかの水族館や動物園から譲《ゆず》られるか、あるいはそれらの飼育下で繁殖したものを譲ってもらったから。

そして、最大の理由が、付属書（Ⅰ）の動物であっても、国際取引の理由が、学術研究や、教育研修、飼育繁殖研究などの目的である場合には、輸出国と輸入国の双方の許可証があれば許されることになっているからだ。

水族館の目的は、そのいずれにも当たるので、かなり面倒でもあるし、タイミングも必要で、粘り強くもなくてはならないが、しっかりとした理念を持って申請をすれば、付属書（Ⅰ）の生物でも、輸入が可能となる。

これにはとても大切な意味がある。実際に野生生物を保護するためには、それぞれの生態を知る必要がある。生態など自然界で研究すればいいという声もあるが、水中に棲む生物の研究をすることなどとうてい無理だ。

研究なら、現地の国に水族館を建ててやればいい、というもっともらしい声もあるが、実際にはまったくもっともな話ではない。いったいだれが現地の水族館建設の資金を出し、だれが研究をするのか？　日本の水族館であれば、研究費は水族館の運営費として捻出され、それが入場料を生む。さらに、漁業国日本には、水生生物に関わる数多くの研究者がいるのだ。日本の水族館で水産生物を研究することの意義は、とても大きい。

海外の動物は、だれが日本に連れてくるの？

動物商の活躍

海外からの特別な動物、たとえば、ラッコやペンギン、セイウチなどの人気動物や、マナティーだとかシロワニなど巨大な動物など、現代が、いくらどんなものでも売られている時代だといっても、そんじょそこらで買えるものではない。水族館の動物は、商品としてはかなり特殊だ。それに、動物は商品として売買するような対象ではないと思う。だから、それら特別な動物を手にするには、特別な方法を用いることになる。

海外からの動物を日本に連れてくるには、大きく3つの条件が必要だ。

まず、動物の捕獲に成功するか、あるいはどこかの水族館から譲《ゆず》ってもらわねばならない。ついで、その動物の輸送方法を確保しなくてはならない。そして、輸出する国から輸出許可証を発行してもらわねばならない。

しかも、それらのいかにも困難なことを、すべて海外の、さらには人里離れた場所を舞台にして行なわねばならない。特に捕獲はリスクが大きく、失敗したら（それはけっこう多い

巨大なサメのシロワニは、最近よく輸入される大型動物だ（しながわ水族館）

のだが）、費用はさんざん使った上に、とぼとぼ手ぶらで帰ることになる。

それはとても困る。水族館だからといって湯水のようにお金を使うことはできない。私立であろうが公立であろうが、決められた予算の中で成果を上げなくてはならないのは、ふつうの企業と変わらないのだ。だから、入手が困難でありそうな大物の動物ほど、「動物商」と呼ばれる、動物の輸入会社や人物の手によるケースが多い。

動物商は、動物の捕獲にエキスパートであるというだけでなく、世界にネットワークを持っていて、どこの水族館にどんな動物が余っているとか生まれたとか、余剰動物の情報にも強い。また、世界各国の輸出証明の作り方や、動物輸送のエキスパートでもある。水族館にとっては、リスクの軽減が計《はか》れるわけだ。

ペンギンは日本の夏の暑さは平気なの？

南極に棲むペンギンは少ない

日本人は世界でも無類のペンギン好き。日本の動物園や水族館では、合わせて12種2500羽以上のペンギンが飼育されている。ペンギンはすべての種類で18種、今までにそのうち14種が日本での飼育記録があるというのだから、日本は水族館大国であるだけでなく、ペンギン大国でもある。

特にフンボルトペンギンは、どの水族館・動物園でもよく繁殖をしていて、全国に1000羽以上もいる。フンボルトペンギンがよく繁殖するのは、日本の気候が彼らにとって快適だからだ。

フンボルトペンギンの故郷は、南米のペルーからチリにかけての南緯5度～30数度のところで、その多く

たくさんいるペンギンは日本で繁殖している（志摩マリンランド）

は砂漠地帯の海岸だ。海にフンボルト寒流が流れているにしても、陸地はそうとう暑い。もちろん雪なども降らない。日本の水族館で暮らしているフンボルトペンギンたちは、冬になるととても寒そうに羽毛をふくらませているのだ。

テレビなどでは、コマーシャルに出てくるペンギンも、アニメのペンギンキャラクターも、みんな南極がふるさとのような設定になっているので、ペンギン＝南極のイメージが強いのだが、実は南極に棲んでいるペンギンは、18種のうち4種類だけ。さらに南極だけで繁殖するのは、コウテイペンギンとアデリーペンギンの2種だけ。ちょっと意外？

近ごろは、この4種類のペンギンが、温度を低くして極地を再現した立派なプールで飼育されていて人気をよんでいるが、実は日本で最初のころに飼育されていたのも、極地ペンギンといわれる、この4種だったのだ。

それらのペンギンたちは、南氷洋から帰ってくる捕鯨《ほげい》船に乗せられて日本にやってきた。捕鯨船がペンギンをつかまえようとするわけはないので、キャッチャーボートにペンギンが飛び込んできてしまったのだと思われる。長崎ペンギン水族館の前身である長崎水族館で28年間も飼育されていたコウテイペンギンの「フジ」は、長い間、世界唯一の飼育されているコウテイペンギンだった。

ボクの世代は、ガムのコマーシャルでペンギン=南極と思いこんでしまっていたが、たぶんあのペンギンは南極のペンギンだったのだろうと思う。最近よくアニメキャラで現れるパンク頭のペンギンも南極とおぼしきところで跳《と》び回っているが、あれはおそらくマカロニペンギン属のいずれかなのだろう。これは南極大陸にはいないペンギンだ。

飼育できない魚とは？

身近な魚も飼育は難しい

かつて、水族館ではとても飼えそうにもない動物はたくさんいた。たとえば5メートル以上あるジンベエザメなんかはそうだ。あまりにも巨大すぎて、そんなものを飼育できるとは想像できなかった。ところが今では、日本の3つの水族館で飼育されている。しかもどれも屋内水槽なのだからおどろきだ。なお、ジンベエザメは日本でしか飼育されていない！　日本秘伝のたいへんな技術なのだ。

大洋を高速で泳ぎつづける巨大なマグロも、長期間の飼育は無理だと考えられていたが、これも今では、複数の水族館で通年飼育がなされている。今じゃなんと養殖にまで成功しているとか。さすが、マグロ好きな日本人に不可能なマグロはない。

ところが、そんなに巨大でも珍しくもなく、だれもが身近に知っている魚であるにもかかわらず、長い間飼育に成功していなかったものがいる。その代表的なのがサンマ。安くてうまくて、スーパーに行けば1尾100円程度で売っているあの大衆魚サンマだ。

葛西臨海水族園のマグロ

　サンマの飼育と展示に世界で初めて成功したのは、福島県小《お》名《な》浜《はま》にある水族館「アクアマリンふくしま」だ。この水族館のオープンは2000年7月だから、21世紀になるまで、世界中の水族館がサンマを飼育することができなかったということになる。

　サンマはウロコが簡単にはがれるので、捕獲や輸送で傷つきやすいうえに、外遊性の魚で、慣れない刺激にとても臆病な

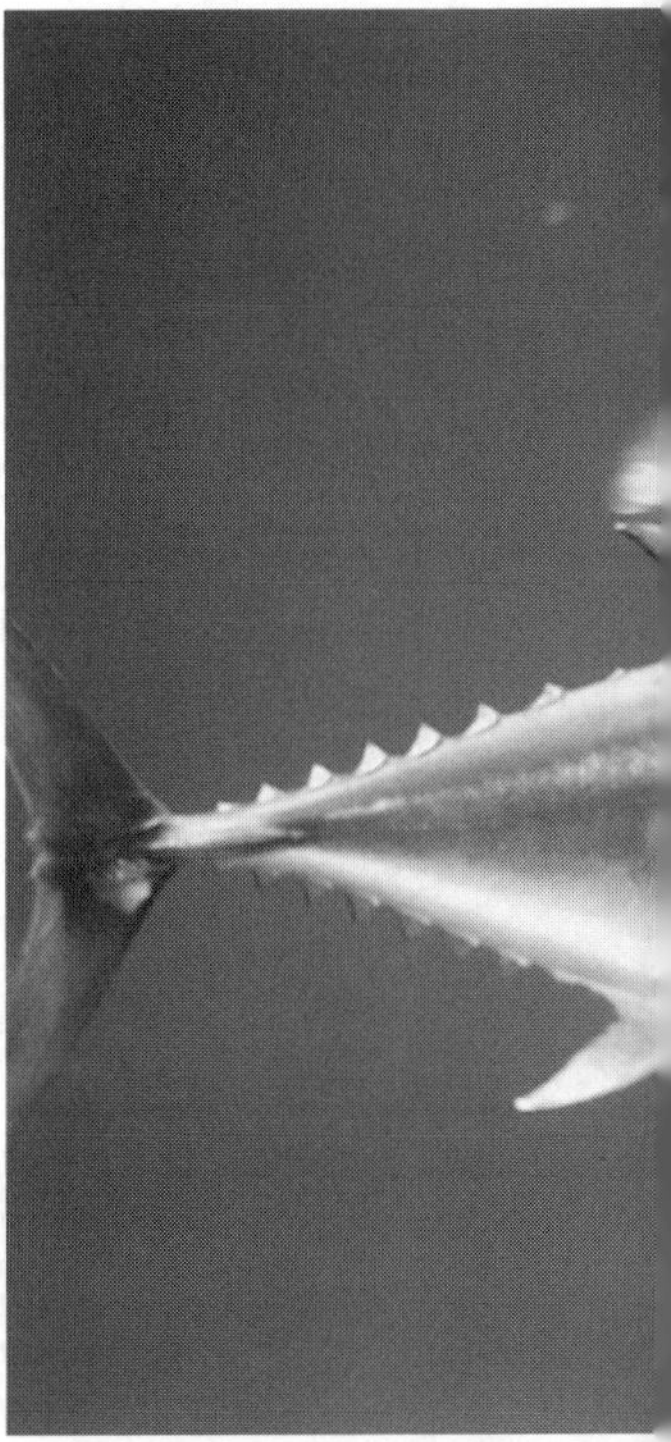

ため、小さな水槽で飼育するのは非常に難しい。そのため、アクアマリンふくしまでは、2年以上かけて、サンマの飼育と常時展示の研究をした。

水槽の作りそのものや、飼育技術にも、工夫がなされているようだが、なによりもまず、水族館内で繁殖させることに成功したことが、現在の通年展示につながっている。サンマはふつう2年しか寿命のない短命の魚類なので、いつでも補充できるようになったことによって、サンマを常に飼育展示できるようになったのだ。

身近な魚で飼育が難しいのはほかにも、ウロコがなくて傷つきやすいタチウオ、驚いたらどこまでも飛んで逃げてしまうトビウオなど。

家計をあずかる主婦にとって、サンマは塩焼きするだけでおいしくいただける、安くて手間いらずの食材だが、飼育係にとっては、たいへんな手間のかかるやっかいな魚だ。しかしそんな手間をひとつひとつ克服することが、次の飼育の成功につながっていく。

将来どんな動物を見ることができる？

きれいなウミウシが見たい

おそらく、多くのみなさんが見たいのは、シーラカンスだろう。実はボクも、シーラカンス捕獲と飼育を夢見て、ちょっと笑えないほどのお金と労力を使わせてもらったことがある。しかも挫折したし……。

それでもこりず、さらに夢見ているのが、深海で光を発するチョウチンアンコウに、海面を飛んでいるトビウオ。どちらもとても魅力的だが、どちらも尋常な海中ではなく、深い深海と広い空が必要だから、実現の見通しはひどく遠そうだ（飛んでいないトビウオであれば、「しまね海洋館アクアス」で見ることができる）。

しかし、そんなにお金がかかりそうでなく、楽しみにしてもらっていいものがある。今、けっこう多くの水族館の飼育係たちがひそかに狙っているのは、ウミウシの仲間の飼育だ。ウミウシにはとても美しかったり、不思議な形のものが多く、ダイビングや水中写真などではとても人気のある動物だ。

動きものろいし、目立つから捕まえるのも簡単。ところが、現在飼育されているのは、わずかな種類、しかも小さくてあまり目立たないものばかりなのだ。その理由は、彼らがそれぞれ、いったい何を食べているのかが分からないからだ。

ウミウシの仲間がエサにしているのは、カイメンとかヒドロ虫とかコケムシとかいったもの……といっても、それがどんなものなのかイメージできる人は少ないだろうが、海中の岩に付いている、わけのわからない、微細な生物たちのことだ。水族館の生きたサンゴ礁の水槽などを見れば、岩にいろんな生物のような植物のような

アワシマオトメウミウシ（あわしまマリンパーク）。ウミウシは軟体動物で、つまり貝と同じグループだが、貝殻は退化しているかまったくない。カタツムリに対するナメクジをイメージするといいかも。ただし、ナメクジとはちがって、色彩や形が色々あり、どれもが目立つ美しさを持つ。触覚が２本出ているので、海の牛の名前が付いた

付着生物とは、岩に貼り付いている、とても動物とは思えない生物たち。コケムシ＝外肛動物門 / カイメン＝海綿動物門 / ヒドロ虫＝刺胞動物門。これら「門」の分け方でいけば、ヒトも鳥も魚類もすべて同じ「脊椎動物門」だから、それぞれそうとう特殊な生物である

ものが付いているのがそれである。ウミウシはどうやら、そんな付着生物たちを食べていることは分かっている。

ところがそれぞれのウミウシは、それらの付着生物の中で特定のものだけを食べて生きているらしいのだ。そして、その特定のものがいったいなんなのかがほとんど分かっていないのである。

エサが分からなければ飼うことはできない。でも、エサさえ分かれば飼育することは可能だ。すでに、全国の挑戦的な飼育係や飼育マニアたちが、新たにウミウシのエサを発見し始めている。美しくて不思議な形のウミウシたちがいっぱいいる水族館が、もうすぐどこかで名乗りを上げるだろう。これは見モノだと思う。

column

ラッコが水族館にいるわけ

10数年前、彗星のように現れて、水族館ブームを超新星のように爆発させたラッコ。カワウソにとても近縁な動物なのに、動物園ではなく、水族館の動物なのはなぜだろう？　それは、水族館ならではのさまざまな技術の結集によって、日本での飼育が可能になった動物だからだ。

ラッコは、とても寒いところに棲んでいるから、水温や空気の温度を夏でも冬の状態に保たなくてはならない。さらに、毛

ラッコの親子

が汚れると寒さから身を守れないため、水槽の水を常にサラサラなきれいな海水にしておかねばならない。

ところがラッコときたら、1日にイカや貝などのエサを40キロほどある体重の4分の1以上も食べるし、それをウンチにするときには水に溶けるようなビチグソだし（しかも大量！）、動物で最高密度といわれる毛は大量に抜けるしで、水を汚すことにかけては天下一なのである。

冷たい海水を作るのは大変だから、汚れたからといって捨てられない。でも水温が冷たいと、濾過バクテリアの働きが悪くなり、濾過槽の働きもとても悪くなる。

というわけで、ラッコを温暖な日本で飼育することができたのは、海水を冷却する技術と、濾過の技術のおかげなのだ。
※動物園でも、豊橋総合動物公園「のんほいパーク」で飼育されていた。

深海生物は飼えるか？

すでに始まっている深海生物展示

深海は近くて遠い現代の異界だ。月に降り立った人類がいるというのに、いまだ海の最深部に降り立った人類はいない。

そんな異界だけに、深海には、異星人とも見まがうような、不思議な未知の生物がわんさといる。チョウチンアンコウや巨大な目を持つリュウグウノツカイなどは、水族館の標本で見たこともあるだろう。

魚類以外では、妖《あや》しい桃色をしたユメナマコや悪魔のようなコウモリダコに心を惹《ひ》かれる。太陽のエネルギーを無視して、地球のエネルギーを食べているチューブワームという生物もいる。どれも地球生物とは思えない姿や生き方の生物たちだ。

近ごろは、深海調査船などの活躍で、深海生物の生態映像が次々と紹介されるようになり、今まで死体から想像して描かれていた異界の深海生物たちが、突然、現実味のある生物となってきた。

しかし、映像に収めるのと、飼育するのとでは、月を望遠鏡でのぞくのと、アポロで降り立つほどのちがいがあるのだ。

まず、彼らの生態がまるで分かっていない。分かっていないから、どんな水槽設備が必要なのか、どのようなエサを用意して、どのように食べさせればいいのかなども、はっきりしているわけではない。

さらに、もしそんな条件が整ったとしても、深海生物たちをケガも衰弱もさせずに捕らえて、水族館まで運んでくる方法が限られているのだ。現在行なわれているのは、深海の水ごと生物を吸い取ってくる方法だが、おのずと大きさが限られてしまうし、そんな馬鹿げた採集方法にまんまと捕まるような生物はほとんどいないだろう。

それでも新江ノ島水族館では、ＪＡＭＳＴＩＣ（海洋研究開発機構）の開発した深海高圧環境水槽で、深

新江ノ島水族館に展示されている深海高圧環境水槽

海で捕獲された生物を、その水深の圧力のまま海水とともに引き上げて展示している。巨大な水圧を閉じこめるために、水槽も観察窓も、驚くほど小さいが、この展示から、これからの深海生物展示が始まる予感を感じさせられる、たいへん意欲的で意義深い展示だと思っている。

　また、海洋博公園沖縄美《ちゅ》ら海《うみ》水族館には、世界で初めて、深海生物用の大水槽ができている。ジンベエザメの水槽に比べると目立たないが、深海生物としては異例に大きいものだ。もし小さめのリュウグウノツカイが生きたまま捕獲されたら、飼育も可能な広さである。この水族館は、ひそかにそんな日を狙っているのかもしれない。

リュウグウノツカイの標本（東海大学海洋科学博物館）。リュウグウノツカイは巨大なだけでなく、生きているときには、白銀色に輝く体に、巨大な目の縁や、長い背びれなどが燃えるような朱色をしていて、この世のものとは思えないほどの美しさだ。もし水族館で飼育されたら、何をおいても見に行く価値がある

魚はいつ寝ているの？

砂に潜《もぐ》って眠る魚

水族館にしろ動物園にしろ、昼間っから寝ている動物は多い。ラッコはしょっちゅう寝ているし、アシカやアザラシは陸上にいたらたいてい寝ている。カエルやワニにいたっては、常に寝ているか、目を開けていても寝ているのと同じだ。

そんなぐーたらした哺乳動物や、両生類、爬虫類《はちゅうるい》に比べると、水族館のホスト役として、実に働き者なのが、魚類や無脊椎動物たちだ。常に目を見開いて、観覧者を迎えてくれる。

しかし残念！ 彼らが寝ていないとはいい切れないのだ。魚や無脊椎動物たちには、目をおおうマブタがない。寝ていても、目は開きっぱなしというわけだ。泳がずにボーっとしている魚がいたら、それは寝ているのかもしれない。昼に寝ていて、夜になると活動を始める者も多いのだ。巨大なクエなどハタの仲間などは、昼間は岩にもたれかかっていることが多いが、あれは寝ている状態。腹が減ると起き出してエサを探すのだ。

新米飼育係で初めて宿直をしたときのこと、とある水槽の魚がほとんどいなくなっているのを発見。すわ一大事！と、緊急マニュアルにしたがって、先輩飼育係を呼び出した。「魚が脱走したか、盗まれました！」

やってきた先輩は「やられた……」とひと言。その水槽に入っていたのはベラの仲間で、ベラたちは日が沈むと、砂に潜って眠るのだ。しかし、新米飼育係がそんなことを知るよしもない。あくる日の朝、ベラたちはち

昼はいつも寝ているカエル

ゃんと泳いでいた。

マグロや外遊性のサメなどは、巨体を維持する酸素を取りこむために、昼夜を問わず、常に泳いでいなくてはならないが、彼らにも睡眠状態があるのかないのかは、まだ分かっていない。

寝ていても呼吸をしなくちゃならないのは、イルカたちもそうだ。イルカが寝ているときは、ふらふらと所在なさげに泳ぐ。ある報告では、右脳と左脳を交互に眠らせて起きているのだとか。

水族館で昼間っから寝ているイルカを見ることはないが、ジュゴンやマナティーは、水槽の底で目を閉じてじっとしているのを見ることができる。お昼寝中なのだ。もちろん、こんなときでも呼吸は忘れないが、やっぱりふらふら〜と上昇していき、再びふらふら〜と水底に戻ってくる。

column

夜の水族館

夜の水族館には独特のすごみがある。真っ暗な水槽に、ぴちゃぴちゃ、ちゃぷちゃぷと水の音だけが不気味に耳に届く。そこでおもむろに、懐中電灯を水槽に照らすと……。ギャー！

そんなギャーな水槽のひとつが、ウツボたちの水槽だ。昼には岩棚やパイプの中でひしめきあっていたウツボたちが、みんな外に出て、水槽いっぱいにウジャウジャウネウネと泳ぎだしているのだ。ウツボの顔は丸くてとてもかわいいのだが、夜の光景を見ると、細長い動物が嫌いな人には耐えられないかもしれない。

イセエビの水槽も騒がしい。昼には岩棚に入って長いヒゲだけをごそごそ動かしていたのに、みんなが外に出てきて何か争っている。よく見れば、なんと一緒に入れられていたカニを襲って食べているのだ。襲われてエサと化してしまったカニを、イセエビたちで奪い合っていたのである。ヒゲの擦りあう音に、カニをかじる音がギシギシと不気味に聞こえてくる。

昼行灯《あんどん》のカエルも夜に元気になる。カエルの目は、ネコの目のように昼は細くなって

夜になると活動を始めるイセエビ

いる者が多いし、すっかり目をつむって眠っている者もいる。ヘビや小動物など、みんなに狙われるカエルは、昼の間は葉っぱの影に隠れてじっとしていたほうがいいからだ。そんなわけで、目がくりくりしたかわいいカエルの写真を撮るには、夕方から狙うに限る。

逆に、サンゴ礁の水槽は、昼の喧噪《けんそう》を忘れた真夜中のビジネス街のように、静かなものだ。魚だけでなく、サンゴやソフトコーラルたちがみんな閉じてしまう。

見えなくなった魚たちは、サンゴの根や岩の隙間に隠れている。懐中電灯で照らしてみれば、昼にはサイケデリックとさえいえた体色が、地味な色に変わって、目立たなくなっている。流されてふらふらと漂っていかないように、背びれと腹びれをつっかい棒のようにしている者もいる。

魚は、なぜぐるぐる回るのか？

水流に向かって泳ぐ魚たち

葛西臨海水族園に行くと、マグロがぐるぐる回っている。琵琶湖博物館に行くと、ビワマスがぐるぐる回っている。京急油壷《あぶらつぼ》マリンパークに行くと、タイやサメがぐるぐる回っている。いろんな水族館に行くと、たいてい円柱の水槽の中にイワシがごまんと入っていて、やっぱりグルグル回っている……。

水族館では、魚たちがグルグルと回っていることが多い。近ごろ多いのは、少し太めの円柱の水槽に、イワシがどっさり入っている水槽。みんなが同じ方向を向いて、キラキラと輝いている。

大型魚用には、巨大なドーナツ型の水槽だ。旧大分マリーンパレス水族館にて開発されたという陸上競技のトラックのような水槽は、別名エンドレス水槽。前ばかり見て泳いでいる限り、どこまでいっても突き当たることがない。まさしくこの水槽は、魚類のためにエンドレスなかなたを作り出している。

巨大な水槽を作る技術もなく、仮にできたとしても、そこに入れる水の循環システムも準備できなかったころ、魚たちが満足してくれて、観覧者も満足できる水槽が、この画期的なドーナツ型水槽だった。

原理は簡単。魚たちは、水の流れに逆らって泳ぐ習性がある。その習性を利用して、水をぐるぐる回してあげると、魚たちは、どこまでもつづく水流の道を逆にたどるのだ。

この〝目からウロコの仕組み〟は、その後各地の水族館に、同様のドーナツ型水槽を作らせた。窓が小さくても、それをつなげれば、立派な水槽になるし、魚たちの力強い遊泳も

エンドレスなドーナツ型水槽（京急油壺マリンパーク）

見えるのがウケたのだろう。

その後、水槽にアクリルガラスが使われるようになってから、ドーナツの形に沿ってカーブした窓ができたり、規模を小さくして、イワシ用に開発されたりと発展してきた。葛西臨海水族園のマグロの水槽も、内側と外側から見ているけれどドーナツ型水槽の発展型だ。

しかし、そもそもなぜ魚たちは水流に逆らって泳ぐのだろう？ よく説明されるのは、エサは上流から流れてくるから、特にプランクトンを食べている小魚たちは、上流に向かって口を開けている必要があるという理由だ。

たしかにそれも一理あるかもしれない。でも、もっと大切な理由があると思うのだ。それは、潮や川の流れに沿って下流へと泳いでしまったら、今いる場所からたいへんなスピードで離れていってしまい、戻れなくなるからだ。

たとえば、もしメダカが下流に向かって泳ぎ始めたら、メダカはきっと数分で小川から本流に出てしまうだろう。そしたらもう小川に戻ることができないどころか、河口まで流されてしまう。

海でも、潮に乗れば早く泳げるなんていい気になって流れに乗っていたら、いつのまにかちがう海流との境にまで、猛スピードで運ばれてしまう。彼らが流れに逆らって泳ぐのは、今いる自分の場所から急速に離れるのを恐れているからではないだろうかと思うのだ。

column

イワシが群れでいるワケ

グルグル回るイワシの美しさに飽きた人にオススメなのが、巨大な水槽に入れられた、イワシやキビナゴの群れだ。

広い水槽に大勢で放たれると、彼らのような小魚は、必ず群れを作る。しかし、円柱の水槽にぎっしり詰め込まれていたときとはちがい、グルグル回ることなんかはない。

イワシたちは、自然の海では、いつもグルグルしているワケではなかったのだ。しかし、群れは美しい。突然に方向を変えることもあれば、ドーナツを作って回り始めることもある。竜巻のようになったり、巨体の魚が近づくと、群れは2つにさーっと分かれて、魚が通り過ぎたところからまたひとつに重なっていく。三次元の立体的な形が、見ているそばから変化する様子は、まるで空の雲が形を変えていくのを早送りで見ているような造形美で、時間がたつのも忘れてしまう。

しかし、なぜ彼ら小魚たちは群れたがるのだろうか？ 群れなければ、小魚がどこにいるかなんて分からないのに、群れるおかげで遠くからでも一発で発見されてしまう。それは、みんなに食べられているイワシやキビナゴとしては不利なはずではないのか？

イワシの群は、雲を早送りで見るように
刻々変化して飽きない（新江ノ島水族館）

実は群れの一員でいるということには、捕食者に発見されやすいという不利をくつがえせるほどの利益があるのだ。それは、捕食者から狙いをつけられにくいということである。

同じ顔、同じ大きさでキラキラ光るイワシたちが、数え切れないほどいるとしたら、その中から特別な1匹を探すのは、ウォーリーを探せの何倍も難しい。1匹に狙いを定められないと、次の瞬間の場所や行動をとらえることもできないから、群れの一員なだけで生存率はぐっと高くなるのだ。

ガラパゴスで、ペンギンがカタクチイワシの群を狙っているのを観察したことがある。ペンギンは最初、群れの中に飛び込んでは急旋回《せんかい》して、ただただ群れをかき回し分散させていた。そうやっているうちに、群れからはぐれる者が現れる。そこではぐれた1匹に狙いを定め、やっとつかまえることができたのだ。小魚が群れに隠れる効果はかくのごとく絶大だ。

ところで、魚の群れにはリーダーがいない。リーダーらしき者は、団体の先頭とおぼしきところに陣取ってしまっただれかであり、それはたちまち交代する。リーダーがいないのに群れがまとまっているのは、彼らがただ自分をみんなの中に隠したいという意思によるのだろう。お互いには指令やコミュニケーションもなく、視覚と水流を感じる側線によって、それぞれの間隔をつかず離れず、微妙に保っているのだという。

そして、だれかが、外敵や障害物を見つけて進路を変えると、それにつられて引っ張られたり、押さえられたりして、群れは変形していくのだ。そのときの群れの変形の様子は、まるでひとつの巨大な生命体のようにも感じる。

しかしそれも、それぞれの理性やお互いのコミュニケーションによるものではないつながりで形成されているのだとしたら、おどろくことはない。群れは、たしかに巨大な生命体。それぞれがなにも考えずにつながりながら、1匹1匹が神経の末端として働いているのだ。

ゾウアザラシとゴマフアザラシ、一緒にいていじめられないの？

無意味な争いはしない動物たち

水族館では、アシカの仲間やアザラシの仲間を、同じプールで飼育していることが多い。アシカ組対アザラシ一家の抗争が勃発《ぼっぱつ》したりしないのだろうかと気になるが、彼らはおどろくほどにそのような喧嘩《けんか》をすることはない。

おそらく複雑な社会性を持っていないし、水中には縄張り意識がないから、力関係を試したり、地位が必要だったりしないのだろう。さらに、ちがう種同士だったらなおのこと、順位は意味がない。たいていの野生動物は、同じ種の同性とは競争をするために戦うが、ほかの種とは、食うか食われるか、あるいは食い物の奪い合いなどでもないことには、争うことはない。野生生物にとって、無駄にケガをするほどマヌケな行為はないのだ。

ただし、たとえば、成熟したアシカのオスと、成熟したアフリカオットセイのオスが同じプールに入っていたら、陸上の繁殖場所の奪い合いで、喧嘩にはなる。それは、相手の種が

新江ノ島水族館のミナゾウ君（ミナミゾウアザラシ）
とタイヘイ君（ゴマフアザラシ）

同じだとかちがうとかではなく、ほしい場所が同じだからだ。

ただ、同じアシカ科の仲間でも、トドだけは北の暴れん坊なんていうくらい気性が激しくて、ほかの種と一緒にするのはダメなのだそうだ。

さてそれでは、ボブサップにそっくりとの噂がある、新江ノ島水族館のゾウアザラシは、どうなのだろう？ ここは体重2トンのミナゾウ（ゾウアザラシ）と、100キロ程度のゴマフアザラシたちが、たいして広くないプールに同居させられている。

実は、ここでイジメというか嫌がらせがある。しかし、悪さをしかけにいくのは、ゴマフアザラシのほうだ。ゴマフアザラシの中には、ミナゾウと子どものころから遊び相手だったタイヘイという名のオスがいる。水族館にやってきてひとりぼっちで寂しがっていたミナゾウは、当時、相模湾まで迷いこんできて保護されたタイヘイとは相棒なのだ。当時、ミナゾウは3歳、タイヘイは1歳、どちらも好奇心が強く、仲間がほしい盛りだった。

だから、今でもタイヘイは巨大なミナゾウのことを怖がっていない。ミナゾウが寝ていたり、ボーっとしていると、すぐにちょっかいをかけにくるのだ。ミナゾウが怒ってプールに飛び込んでも、身軽で素早いゴマフアザラシは、なんなく身をかわす。いや、そもそもミナゾウが怒っているのかどうかさえ分からない。彼らにとっては、楽しいじゃれあいなのかもしれないのだ。

水族館の動物たちは退屈してない？

緊張感のない水族館暮らし

大型の魚と一緒の水槽に入っているイワシの群れなどは、自然界にいるのと変わらないほどに張りつめた時間を暮らしているのだろうが、ふつうは、水族館で暮らし始めると、自然界での緊張感をだんだん失っていくのが一般的だ。

たとえば、危険が迫ると水を吸いこんでまん丸の針ボールになるハリセンボン。彼らは水族館で飼育されているうちに、めったなことでは膨《ふく》らまなくなってしまう。飼育係が手で持ったり、タモ網ですくっても平気にしているほどずうずうしい。

水族館には、圧倒的な天敵も現れないし、エサも必ずもらうことができるので、それに合わせて彼らは楽をするようになる。堕落《だらく》しているようにも思えるが、常に無駄なことをしないのが野生生物の美徳なのだ。

しかし、そんな堕落した生活に飽き飽きしているような連中もいる。特に海獣の仲間はそのようだ。窓の向こうから、客とにらめっこするようなイルカやアシカがいたら、そいつはかなり退屈しているのだろう。手やハンカチを水槽の窓に付けると、その動きに合わせてぐるぐる回ったりして遊んでくれるアザラシがいるが、客を楽しませてくれているのではなく、彼らが退屈だから客を遊び相手に使っているのだ。

ペンギンたちは、時計などから反射する太陽の反射光を必死で追いかけることが知られている。どうやらきらめく魚影と勘ちがいして本能的に追いかけるらしい。

それが面白いからと、ペンギン情報として広まり、ついには手鏡持参でペンギンと遊ぶ観覧者まで現れるようになった。ところが、動物園や水族館側から、ペンギンがかわいそうなので止めるようにとの要請があり（今も張り紙してあるところがある）、今ではいけない行為とされている。でも、これ、ペンギンにとっては、魚を追いかけるとても楽しい行動だったのではないかと思うのだ。自然界のペンギンは、一日中水中で魚類を追いかけている。その捕食行動は、もっと必死で過酷な労働だ。

私見だけど、嵐の日もなく、毎日エサを手渡しでもらうことができ、サメから逃げる冒険もない水族館のペンギンは、ひどく退屈しているだろうし、運動不足にもなっているはずだ。光の反射を追うことは、本来ならやっているべき行動を、彼らの本能によって行なうことで、だからこそ、ペンギンたちは飽《あ》きずに追うのだろう。それは、彼らの押さえきれない捕食衝動を解放する、いわゆるエンリッチメントであるような気もする。

column

遊び好きなイルカ

海獣の中でも、イルカたちは、特別に遊びが好きだ。自然の海でも、イルカたちが走る船にまとわりついてくることがたびたびある。船が起こす波に乗りにくるのだ。特に、船の後ろにできる波を乗り越えたり、ジャンプしたりするのと、舳先《へさき》で船に引きずられている水流に乗って速く泳ぐのが好きだ。

イロワケイルカは、そんな風に、船に肩を並べて泳いでいるところをすくわれてきた。そんな子たちだから、水族館でも、ショーとして教えていないのに、勝手にジャンプを繰り返しては、観覧者を喜ばせてくれる。

ショーなどに出ていないイルカの仲間、たとえばスナメリやイロワケイルカなどのプールには、ボールが入れてあることが多い。彼らが退屈しないために入れた遊び道具なのだ。

浮かんでいるのは、ふつうのボールで、彼らはこれを、尻尾でキックして遊ぶ。鳥羽水族館のスナメリは、ボールをキックして幅50センチほどのハリの上に乗せる競技を、自分で考え出した。数個のボールを、全部乗せるまで飽きずにキックを繰り返す。

もちろん、そのキックバスケットのようなゴールを成し遂《と》げたからといって、飼育係からエサをもらえるわけではない。それなのに、すべてのボールを乗せてしまうまでやるのだから、その遊びによって達成感や満足感が得られるのだろう。

水中に浮かんでいるボールは、空気の代わりに水で膨らませてある。イルカたちはこのボールを、頭でヘディングしたり、尻尾でキックしたりして遊ぶ。器用な子は、水槽の壁や底を相手に、ヘディングでドリブルをしながら泳ぐ。興が乗ると、2頭

遊び好きなイルカは、ヒトを見つけると、窓にかけ寄ってくる

でボールの奪い合いをして遊ぶこともある。

イルカたちのボール遊びが、どれもサッカーをしているように映《うつ》るのは、前足がヒレになって手を使わないからだ。

イルカたちにはもうひとつ、とっておきの遊びがある。それは、水中に空気の泡を吐き出して遊ぶことだ。アシカやアザラシも、鼻から空気を出して、上昇する泡を興味深そうに見ていることがあるが、イルカの場合は、もっと高度だ。

頭のてっぺんにある呼吸腔から空気を出すのではなく、水面で空気を口に入れてきて水中で吐き出す者がいるのだ。彼はなんと、そうやって、煙草の煙で輪っかを作るように、水中に空気の輪っかを作る。透明なリングはそれだけでも美しくて、イルカたちはそれを満足げにじっと見て楽しんでいる。さらに、その輪っかを鼻面でくるくる回したり、再び口に入れて新しい輪を作ったりもする。

この遊びは、水族館の中だけでなく、自然の海でも確認されている。こんな彼らの遊びを見ていると、イルカたちには、遊びの文化があるように思えてくる。

水槽の中の動物に遊んでもらうには？

海獣に好かれる顔がある

イルカの仲間やアシカ、アザラシ、セイウチなどは、どちらかといえば人なつっこく、ボクたちの目をのぞきこむように、じーっとこちらを見つめていることがある。

外から観察しているボクたちの姿が、いつもエサをくれる飼育係と同じ格好だからなのか、それとも客があまりにも自分たちを熱心に見つめるからだろうか。とにかく彼らは、外からのぞきこむヒトに興味を持っているのだ。

動物によって、アクションはさまざまだ。アシカやアザラシは、泳ぎながら大きな目を見開いてこっちを見ていることが多い。水族館で生まれた個体は、ヒトが好きなのだろう、ガラス窓のところでくるくる回りながら、じっとこちらを観察する。

イルカたちは、なんとなくはしゃいでいる感じがある。なんかしら「アンタだれ？　遊ぼうよ！」などといっているような気がするのだ。スナメリやシロイルカの中には、メロン体（頭のふくらんだ部分）をぐにぐに動かせたり、口を一生懸命動かして、しゃべっているよ

セイウチは、いつも退屈しているようだ（南知多ビーチランド）

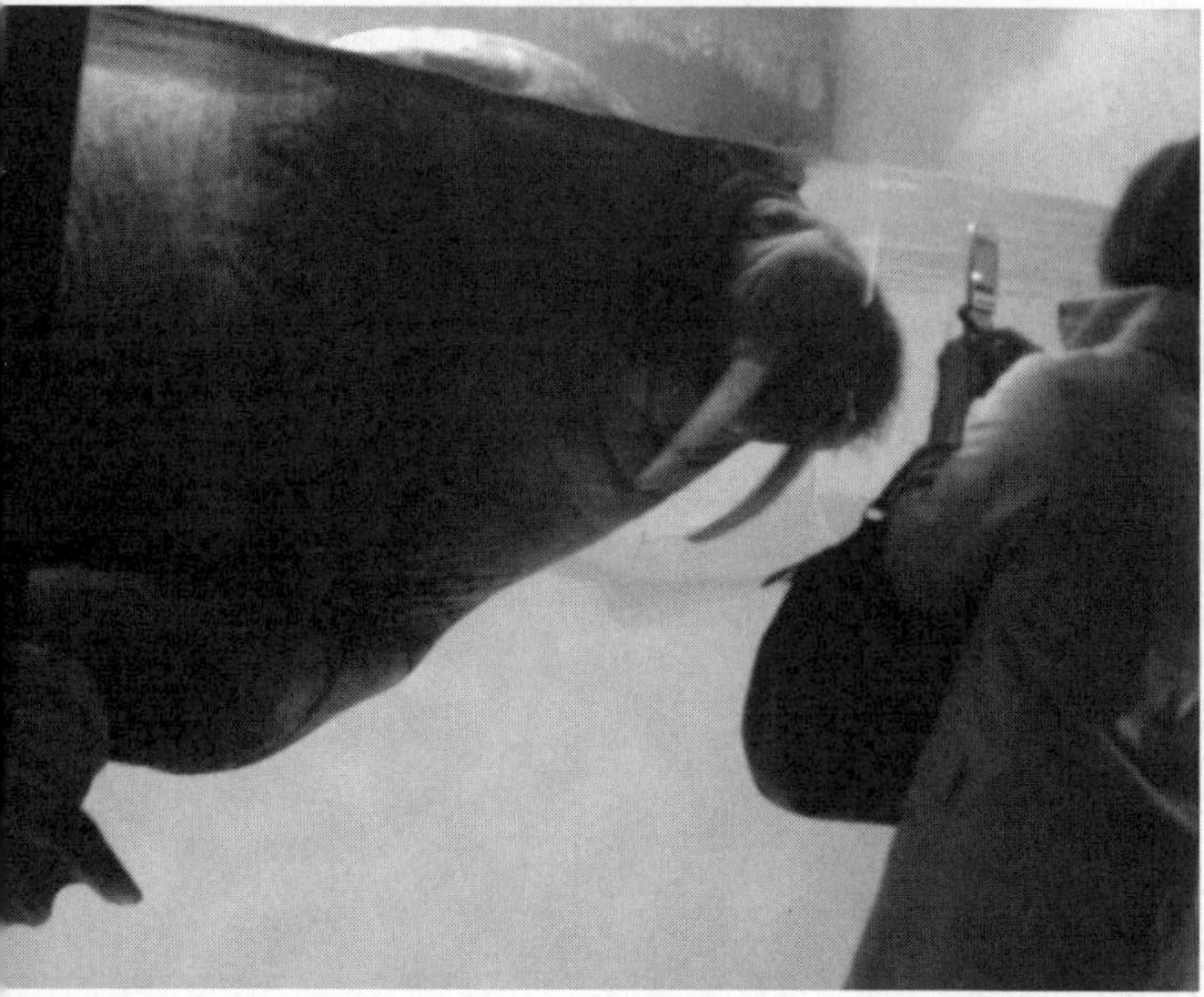

うにするのもいる。残念ながらこっちはエコーロケーションが使えないので、どうやら彼らは、イルカ語を理解できる相手を、毎日探しているみたいでもある。

セイウチは、アザラシと似ているが、相手のことを気に入ると、止まってじーっとにらめっこを始める。気に入られた観客は、セイウチを独り占めした気分になれる。

これはボクの経験からの考察なのだが、イルカやアシカたちが近寄って行きやすい客の条件というのがあるように思える。一番好きなのは子ども、ついで女性。大人の男性はあまり好かれない。

おそらく、子どもの顔の目や口の配置や、目が大きくはっきりとしていること

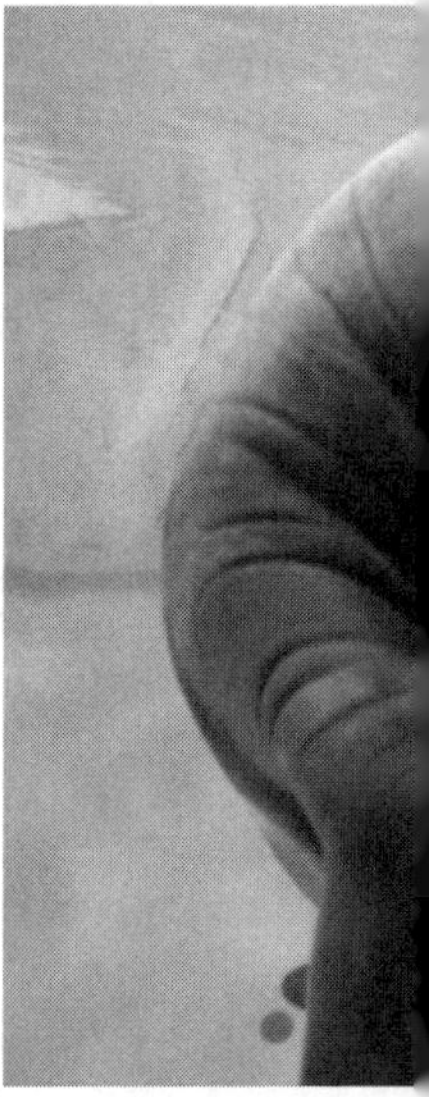

が、動物たちの興味をそそるからではないだろうか。そして女性が好かれるのは、やはり化粧のせいだろうと思う。化粧は、明るくやさしい顔立ちにするし、目や口なども、子どものようにコントラストがはっきりとしているからだ。特に肌が白くヒトの顔に近いスナメリには、子どもと女性を好む傾向が強いように思う。親近感が湧いているのだろう。

動物顔をしていると自信のある人は、水槽にできるだけ顔を近づけることだ。先の章でも話したが、水槽に近いほうが顔がはっきりと見て取れる。彼らは、ちゃんと目を見るから、顔をはっきりと見せている人のところに寄って行くはずだ。

もし、あなたがスナメリに好かれない、ごつい顔をした男であるなら、まずはセイウチのところに行ってみるといい。セイウチがじ～っとのぞきこんできたら、きっとセイウチ顔なのだ。

もうひとつ、とっておきの方法がある。ハンカチを取り出して、ガラス窓でひらひらしてみるといい。あるいは、突然動いてみたり、相手の興味を引く方法をとってみることだ。子どもも女性も後回しにして、興味を持ってくれる可能性は大いにある。

動物は脱走しない？

スパイダーマンのようなオタリア

水族館の動物は、動物園ほどには脱走の危険性はない。脱走しようと思ったら、水槽から海や川まで海底トンネルを掘らなくてはならない。古いタイプの水族館だと、排水溝が海に直接つながっていたりするので、あり得るかもしれないが、今はほとんどが排水溝でなくパイプになっているし、海に水を戻す前に浄化槽を通すようにもなっているから、そこで行き止まりだ。

少なくとも、巨大なサメが水族館から逃げ出して、近くの海水浴場でヒトを襲い出すなんてことは、ぜったいに起きようがない。

しかし、水陸両用のアシカたちだと、脱走もあり得る。オタリアという南米のアシカは、断崖絶壁の海岸に棲んでいて、岩を登るのがヒトよりもたくみだ。片手で倒立できるほど強い前足（ヒレ）を岩の間につっぱり、首を使って体を持ち上げる。

このオタリアにかかると、丈夫な柵《さく》も用をなさない。２メートル以上あった柵を乗り越えて、外に脱出してしまったことがある。どうやら角を利用して、両手をつっぱり、スパイダーマンのように登ったらしい。

海に出るまでに、観覧通路を楽しそうに歩いているのが見つかり、あえなく逮捕となった。というか、エサを見せたら喜んでもとの部屋まで戻ってきた。彼女は最初から海にまで逃げるつもりはなく、ただ柵の向こうに行ってみたかっただけのようだ。

ウミヘビの脱走

もう20年も前のことなのでいえるが、ウミヘビが一匹、水槽からこつ然といなくなったことがある。ウミヘビといったってヘビ、毒は持っているし、爬虫類《はちゅうるい》なので水のないところでも平気で移動できる。逃げないように水槽の上にはフタをしていたのだが、脱走したのだ。

ウミヘビの毒牙は奥のほうにあって、口の中に指をつっこみでもしないかぎり安全。とはいえ、その毒の威力といえばコブラよりも強いのだ。やられたらひとたまりもない。みんな大慌てで逃げたウミヘビを探した。しかし、どれだけ探しても見つからない。

古い水族館だったので、さまざまな溝から海へつづく排水溝につながっている。見つからないのは、海へ流れたのだろうということになった。たまたま冬だったので、海に行こうと、陸をはおうと、ウミヘビはすぐに動けなくなって、そのまま死んでしまうはずである。そう結論づけて一件落着させたのだ。

しかし、それから1年半ほどたった、ある暖かい日、駐車場に派手な縞模様のヘビが出てきたのをスタッフが発見した。シロと黒の縞模様のそれは、1年半前に冬の海でこごえ死んでいるはずのウミヘビだった。どうやら、濾過《ろか》槽や循環している水路の中で、二冬越えて生きていたらしいのだ。

ウミヘビは、最後に見たときより、かなり太っているようだった。循環の水路にはさまざまな魚類も脱走してくるから、それらを食べていたのだろう。

それにしても、何事もなく（いや十分事があったとはいえるのだが）見つかって、本当によかったと思う。関係者はみんなホッと胸をなで下ろした。

第三章
水族館のスタッフの不思議

飼育係になるには？

飼育係に資格はいらない

実のところ、もっとも多く受ける質問が、「飼育係になりたいのだけど、どうすればなれますか？」だ。子どもたちからの憧《あこが》れのような質問から、高校の進路指導や、就職情報の問い合わせといった切実なものまで、ボクへの個人的な質問だけでも年間30回は下らない。ということはつまり、水族館の飼育係になりたいと思っている人は、とても多いということでもある。

ところが、水族館で募集している飼育係の数はとても少ない。年間に全国で10人もいれば多い年だといえるくらいだ。どの水族館でも人件費の削減の時代ということもあるが、なにより飼育係の数そのものが少ないのだ。ひとつの水族館に飼育係だけで20人もいたら、それはかなり多いほうで、10人未満の飼育係のところのほうが多い。

水族館を企業としてとらえれば、水族館そのものは建物の規模や名称、あるいは動物たちの名前なども大きくて有名だが、職員数や事業費の数字で見れば、すべて従業員１００人未満の中小企業である。しかもそれが100社程度しかないのだ。そんな業界に、水族館の飼育係になりたいと思っている人が、毎年何千人もいるのだから、競争率は100倍くらいになる計算だ。つまり、とんでもなく狭き門なのである。

でも、それでも飼育係を目指すのであれば、進路は、とりあえず、水産学部や海洋学部などがある大学に進学することをオススメする。また、近ごろでは魚類以外の生物を飼育している水族館が多く、獣医の資格を持った飼育係が増えてきている。今は植物も含めた展示が増えてきているので、今後は植栽などに知識や経験があるのもいいかもしれない。

動植物の専門学校を卒業した人が、飼育係になることも少なくなくなってきた。なんにせよ、飼育係になりたければ、ほかの人より少し生物のことに詳《くわ》しくなることが大切だ。

数多い飼育志望者から手っ取り早くふるいにかけるため、学芸員の資格を持っていることを前提とした水族館もある。理科系には、学芸員になるためのコースがない大学が多く、そこまでやりたい人は、しっかり調べてから進路を決めたほうがいい。

でも実は、飼育係になるのに、なんの資格も必要はない。文系で動物のことなんかなにも知らなかったボクでもちゃんと飼育係になっていたし、高校卒業後、すぐに飼育係になって活躍している人も多い。

先にあげた学芸員というのは、展示や来館者への解説、学習プログラムなどの専門家のは

魚たちにエサを与える飼育係

ずなのだが、実際には、そんな資格に関係なく、できる人はできるしできない人はできない。そして動物の飼育を覚えるよりも、そちらのほうがはるかに難しいことなのだ。

これから飼育係を目指す人々には、専門的なこともさることながら、さまざまな知識を吸収したり、人とのコミュニケーション能力を高めることも大切にしてほしいと思う。

ショートレーナーに向いている人は？

動物の気持ちになって考える

ショートレーナーは、飼育係よりさらに専門的な知識が必要ない。これにはとても自信がある。なにせ、ボクがアシカショーのトレーナーだったのだから。

ショートレーナーには知識よりも素質のほうが優先する。たとえばどんな素質かといえば、動物が好きなこと、人前に出たりしゃべったりするのが好きなこと、あと……いや、あとはもうないくらいだ。

ボクがアシカショーのトレーナーを志願したとき、上司はこれだけ聞いた。

「犬に咬《か》まれたことはあるか？　咬まれても犬が好きだったか？　咬まれた傷は化膿《かのう》しなかったか？」

なんのことはない。つまり、アシカに咬まれても精神的にも肉体的にも平気な奴か？　と聞かれただけだ。

もちろん、人前に出るのも好きだったし、それ以上に人をおどろかせたり感心させたりするのはもっと好きだった。そしてボクは、水族館の動物の中で、アシカの仲間のことが特別に好きだったから、彼らのすごさを観客に見せつけてやりたいと思っていたのだ。その夢は、自分自身のショースタイルを作ることですぐに実現した。

水族館というのは、動物を見せる場所なのだが、その中でもショーはまさしく見せるための媒体《ばいたい》だ。そのトレーナーというのは、ショーのプロデューサーであり、アシカとともに出演者でなくてはならない。おそらく演技という点では、動物よりもトレーナーに要求される。だから、ショーを重視したアメリカの水族館では、トレーナーは舞台を目指している人たちから募集するところもあるし、日本でもトレーナーが演技指導やダンスの指導を受けているところもある。トレーナーの世界には、華《はな》やかなショービジネスの風が吹いているというわけだ。

トレーナーは笑顔が大切（伊豆・三津シーパラダイス）

もちろん、忘れてはならないのが、動物のトレーニングに対しての心構えである。言葉の通じない動物、しかも望んでつれてこられたわけでない動物に対して、心を通わせ、ショーの演

目を訓練していかなくてはならないのだ。これには、相手の動物の気持ちになって考えることと、根気強さが要求される。

そうして完成するのが、動物たちの能力を最大限に引き出して、その能力で観覧者をおどろかせるショーだ。さらにスマートなテンポのよさや、笑いや機転のきいたおしゃべりをトレーナーが演じれば、観客をよりいっそう引き込むことができる。観客が、その動物を好きになって帰ってくれれば、ショートレーナーの仕事は完璧だ。

館長になる人ってどんな人？

理念を持って、実行できる人

飼育係やショートレーナーになる資格は分かった。でも私は館長になりたいんだ！という人、いちばん手っ取り早いのは、自分の水族館を作ってしまうことだ。

水族館を作るのには、何も制約はない。水槽を買って部屋に並べて、魚を調達してきて、入り口に「水族館」と掲《かか》げればそれでもう立派な水族館、あなたは晴れて館長だ。ショーもしたいんだというのなら、カエルのジャンピングショーでも構わない。それで入館料を取って客を呼び入れても、だれからも罰せられることはない。

ただし、赤字を出さずに運営しようと思ったら、ほかの水族館に負けないなにかを持たなくてはならない。そのためには、自分がその水族館でなにを伝えたいのか、そしてそれを理解してもらうにはどうすればいいのかという考えを持つことが必要だ。そうでないとだれも客になって来てくれない。もちろん客が来ないからと、無理矢理に人を中に引き入れてお金を払わせたら罰せられる。

館長はそのようなこと、つまり、水族館を作る資金を出して、水族館の理念と展示方法を考え、動物の飼育をし、運営と管理をする人である。でも、すべてをできる人はなかなかいないから、館長になっている人にもいろいろある。

私立には、資金を出している経営者が社長兼館長ということが多い。資金はもちろん、理念も客を呼ぶ方法もあるけれど、動物のことがよく分からないという経営者は、飼育のプロを館長にすることもある。

公営の場合は、資金は税金で出ているから、そのほかのことに詳《くわ》しそうな人を館長にする。あるいは、水族館の管理部門の人が館長になることもある。また、水族館を作った親会社から出向してきた人が館長を命じられている場合もある。

中には、館長というのは名誉職のようなもので、館長はほとんど館にいないという水族館もあるが、そこでは副館長なり支配人なりが、館長の代理を務めている。

館長になる人、あるいはその代理をしている人というのは、このようにさまざまな形があるのだ。ここでも大切なのは、その館長の過去の経歴や名声ではない。その館長が有名であってもなくても、あるいは水族館が大きくても小さくても、いつも、水族館が伝えるべきことをはっきりとさせて、来館者を楽しませ、惹《ひ》きつけ、納得させることに努力を惜しまない館長が立派な館長だと考えていい。

イルカやアシカはどうやってショーを覚えるの？

エサがルール

ショーを見ていると、トレーナーと動物たちの関係は、ターザンとチータのように思えるが、もちろんそうではなく、合図とタイミングの産物である。トレーナーからの合図は手の動作やホイッスルによって行なっているが、毎日同じショーをやっていると、動物たちも覚えてしまうもので、トレーナーの歩く方向や発する言葉で素早く反応したり、調子がいいと、やるべきことを順番にこなしていく者もいる。

そこに至るまでの訓練で、もっとも基本となるのが、動物とのコミュニケーションだ。よく訓練された犬であっても、彼らは別にトレーナーの言葉を理解しているわけではない。万物の霊長と自負するヒトが動物の言葉を解《げ》せないのだから、彼らが訓練によってヒトの言葉を解せるようになると思ったら大まちがいだ。

お互いに共通の言葉がない場合には、言葉に代わる合図が必要で、その合図を有効にするためには、お互いの価値観を共有して、その価値観のもとでルールを決めなくてはならない。

そのための唯一の手段がエサだ。

動物にとってエサというのは、生きていくためにもっとも大切なもので、それをトレーナーがくれるというのであれば、なんだってするようになる。そこで、何かを達成すればエサがもらえるというルールを教えこむのだ。

ボクがアシカを訓練したときには、こんな風にした。まずエサを与えるときに、与えた手でアシカの鼻面に触ってくるのだ。ふつうに触れば咬《か》まれるのだが、エサを食べているから少々触れてやっても食べるのに夢中だ。これを何度か繰り返すと、アシカは、エサをもらうときに触られ

動物を楽しませるにはトレーナーも楽しむのが一番（鴨川シーワールド）

たのか、触られたからエサをもらえるのかが分からなくなる。

これで彼らは、トレーナーが鼻面に触ることを許せば、エサがもらえるという基本中の基本である「報酬ルール」を覚えたのである。このルールさえ理解すれば、彼らはエサをもらうために自分から鼻面を手に押しつけるようになる。そうなればしめたもので、あとは触る時間を長くしたり、触る手をボールや、棒の先につけたターゲットに替える。

時間をかけてボールを鼻面に当てるためには、鼻の上に載せていなくてはならないし、ターゲットを追いかけてジャンプする。こうして、指示どおり動くことができるようになるのだ。

楽しいのが一番!

報酬ルールを共有できたら、次は彼らに「達成ルール」も覚えてもらう。彼らがなにをしたときに報酬をもらえたのかがはっきりと分かるようにしなくてはならないからだ。たとえば、ボールをうまくキャッチしてエサを与える前にずっこけたとする。すると、エサはずっこけたからもらえたのだと思ってしまう。

そこで、たとえば、うまくいった直後に手を開いて「よし!」と必ずやる、というようなことを繰り返す。「成功」→「よし!」→「エサ」という順序で、達成と報酬の関連性を教えるのだ。イルカの場合は、プールの中にいて、達成したことをタイミングよく知らせることが難しいために、ホイッスルを使って達成を知らせている。

このタイミングがとても重要だ。いろんなことをまとめてほめてあげても、彼らはなんのことやらさっぱり分からない。ひとつひとつのできごとに対して、すぐに評価してあげることが、ヒトと動物との価値観を共有する、唯一の方法なのである。

ところで、イルカショーを見ていると、イルカたちはなんだかとても楽しそうにしているように見える。

先に、動物たちは報酬によってショーをすると語ったが、実はイルカたちは、わりあい楽しんでショーをしているのではないかと思われる。そのいい証拠が、水族館で生まれた子どもイルカの場合だ。教えられてもいないのに、親がやっているショーを見よう見まねで覚えてしまう。学習するという行為そのものに、なんらかの満足感を感じているのではないだろうか。

イルカにショーのトレーニングをするときにも、トレーナーは、イルカが楽しんで訓練に取り組めるように気を使っている。トレーニングが、飽《あ》きたり嫌になったりしたら、水の中にいるイルカは、自由にどこかへ行ってしまう。エサだけでいうことを聞かせるなんてことはできないのだ。

column

動物の性格によって教え方を変える

イルカの仲間でも、アシカの仲間でも、種類によって得意なこと、不得意なことがある。トレーナーはそれを見極めて、その動物に一番合ったショーを考える。たとえば、重すぎてジャンプも細かいこともできないゾウアザラシに、アッカンベーを教えたのは、三重県の「二見《ふたみ》シーパラダイス」だ。ゾウアザラシは特別大きな目をしているので、この豪快さもスピードもないパフォーマンスは一躍有名となり、さまざまな水族館でも同様のことを教えるようになった。

また、同じ種類でも、オスかメスかによって、あるいは性格のちがいによって、パフォーマンスの演目を変えたり、同じことを教えるのでも教え方を変えなくてはならない。子どものアシカたちに輪投げを教えていたときのこと、まず輪っかを首にかけて報酬のエサを与えることができれば、そのうち輪投げキャッチも輪くぐりも、みずから進んでするようになる。しかし、彼らにとって、初めて見る輪っか＝首を絞《し》められそうな怪《あや》しい道具、に頭を通すのは恐怖以外の何物でもないのだ。

その難関を乗り越えさせるには、それぞれの性格によって方法を変える必要がある。

ボクが訓練を任された3頭のアシカとオットセイは、それぞれがまったくちがう性格だった。もっとも楽だったのは、好奇心が強く根っから大胆なオットセイの男の子。こいつには、輪っかに鼻面を付けさせたりして慣らしておいて、隙《すき》を見てひょいと首にかけてやり、すかさずエサを与えればいい。彼はわずか10分の訓練で、またたく間に輪っかを首にかければエサがもらえると学習してしまった。

オットセイの女の子は、輪っかに対してかなりの警戒心を持っているようだった。腰が引けているので、ひょいと首にかけるような隙《すき》は見せない。もし成功したとしても、報酬のエサを与える前に輪っかを外して逃げてしまうだろう。そうなったら警戒心が恐怖心に変わってしまう。そこで常套《じょうとう》手段の、エサで釣る方法にした。

まずボクの腕を輪っかに通してエサを与える。輪っかをだんだん彼女のほうに近づけてゆき、そのうち彼女が頭をくぐらせないとエサに届かないようにしてゆく。このあたりの攻防が微妙だ。鼻先がくぐるかくぐらないかのところで丸1日、目がくぐるかくぐらないかのところで丸2日、なんとか首まで届くまでに3日以上かかった。

そして、最後の難関が、臆病なことこの上ない性格のアシカの女の子だった。この子は、とにかく初めて見るモノならなんでも怖がった。さらにかつて、輪っかに慣らせるために、プール一面にありったけの輪っかを浮かべられ、大パニックにおちいったことがある。そのときの恐怖心がトラウマになっているのだろう、輪っかを見るだけでプールに飛び込み、息のつづく限り水底をグルグルと逃げ回るというような状態だ。このままではショーには使えないからと、新米のボクに任されたような落ちこぼれだったのだ。

でもボクは、先にあげたオットセイ2頭では、スピード感のあるショーは組み立てられないと分かっていた。どうしてもボクのチームにジャンプ力とスピード感のあるアシカの彼女をスカウトしたかったのだ。そこで、朝から晩まで、マジで3日3晩考え抜いて、彼女をあざむくいい案を思いついた。

彼女には、たったひとつだけ慣れ親しんだ道具があって、それは鼻の上に載せてバランスをとる90センチほどのバトンだった。このバトンは、彼女にジャンプを教えるためのターゲットとしても使われていた。この棒が魔法のように輪になったらどうだろう?

さっそくバトンと同じ色と太さの、ちょっとかためのホースを買ってきた。90センチの長さに切り、両端にバトンと同じ細工をして、見た目はバトンと変わらない、にせバトンの完成だ。このにせバトンで、いつものように鼻の上でバランスをとる訓練をする。もちろん手を離すとヘビのようにぐにゃりとなるから、常にぶら下げるか、床に置いていなくてはならない。

そしてすっかり気をゆるめている彼女の隙を見て、エサをあげながら、片手でにせバトンを持ち、首に巻いたのだ。大成功！　彼女の首には輪っかがかかっている。写真を撮ってみんなに見せに行きたい気持ちだったが、実はここからが詐欺師、いやマジシャンの腕の見せどころだ。そのにせバトンを輪っかにしたまま彼女の首からすーっと抜いて、すかさずエサをあげてほめてやる。彼女は一瞬、あれっ！という顔をするが、自分の首から出てきたものだし、抜いたら素早く輪をバトンに戻したので、何があったのか理解できずにいる。

しかし、最初はこれでいいのだ。相手を安心させながらゆっくりと進めるほうがいい。彼女に再び恐怖心をいだかせないことが肝心なのだから。最初は1度の訓練に、1回だけこのマジックを披露することから始め、やっと、彼女の首から輪っかが出てくることを当たり前だと思わせるのに丸3日を必要とした。

そして、その輪っかを彼女の目のあたりに認識させながらエサを与え、一度抜いた輪っかをまた首に戻すようにするのに、さらに5日。そして、本物の輪っかを首にかけることができるようになったのは、最初にマジックを披露してから2週間後のことだった。

彼女はようやく、輪っかを見ても逃げ出さなくなったばかりか、すぐに輪くぐりジャンプもできるようになり、それは、先に輪を首に通すことを覚えたオットセイたちよりも、いくらか早い学習だった。

イルカやアシカ以外のショーはある？

豪快なイルカショー！　楽しいアシカショー！　水族館でショーといえば、イルカやシャチなど鯨類のショーと、アシカやオットセイの仲間のショーを思い浮かべる。これは、ショーをするにはある程度ヒトとコミュニケーションをとれる哺乳動物が適当であり、水族館に古くからいた哺乳動物（海獣）は、イルカの仲間とアシカの仲間だったためだ。アシカのショーは水族館だけでなく、古くからサーカスでも盛んだった。でも最近は、新しくやってきた海獣たちもショーに出ることが多い。

ゾウアザラシのショー

最近各地で人気上昇の海獣ショーは、ゾウアザラシとセ

ゾウアザラシのアッカンベーは、ここから始まった（二見シーパラダイス）

セイウチの腹筋。彼らは陸上でもなかなか軽快に動く（大分マリーンパレス水族館うみたまご）

イウチだ。ゾウアザラシは、アッカンベーが十八番だが、アッカンベーを始めた三重県の「二見《ふたみ》シーパラダイス」では、あまりの人気のため、ショーよりも観覧者と一緒に写真を撮るふれあいタイムで大活躍だ。

日本で唯一のオスのゾウアザラシ、「新江ノ島水族館」のミナゾウ君は、存在そのものがショー。体重2トンの巨体が飼育係の指示で動くのは感動モノで、何をやっても歓声があがる。

セイウチのショー

セイウチは、ごつい姿からは想像もできない、実に細やかでキレのいい動作を見せてくれる。大分県の「うみたまご」では、ショーが終わると、セイウチが観客のフロアまで出てきて、体を触らせてくれる。見た目はぶよぶよしているが、重量感のある肉体が、かたい皮と剛毛を通して感じられ、厳しい自然界で生きている野生の動物であることを実感することができる。

カワウソ、ラッコのショー

ショーの幕間に、カワウソが出てきてちょこまかと忙しそうに仕事をしていくのもかわいいが、同じイタチ科であるラッコも忙しそうなショーをする。ただでさえ愛らしいラッコがショーをするのは、ルール違反じゃないかと思うくらいかわいい。多くの水族館でやっているものではないが、輪くぐりをしたり、ダンクシュートを決めたりと、ほかの海獣ショーとはずいぶん雰囲気がちがう。ラッコのダンクシュートは、「うみたまご」の前身である大分マリーンパレス水族館が始めた。

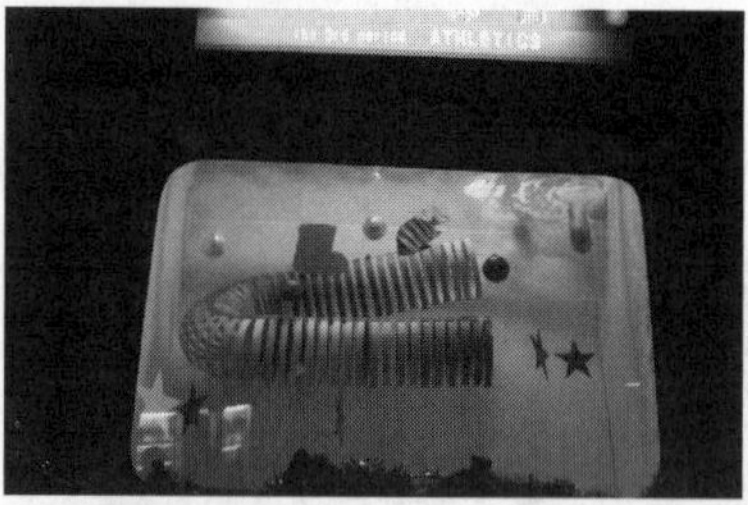

魚の習性が分かる魚ショー
（京急油壺マリンパーク）

魚ショー

魚のショーは、魚類などの習性を利用したり、条件反射による学習の成果を見せる実験ショーだ。デンキウナギの放電実験や、テッポウウオの捕食なども含まれる。

ペンギンパレード

オウサマペンギンのパレードは、いつの間にか全国に広がった。発祥の地は「長崎ペンギン水族館」の前身である長崎水族館で、もちろん今も11月末から5月初旬までの期間に行なわれている。夏でも涼しい北海道では、年中パレードが見られるようだ。近ごろはフンボルトペンギンの散歩をしているところもある。

オウサマペンギンのパレード
(登別マリンパークニクス)

潜水《せんすい》ショー

かつて多くの水族館で行なわれていたマリンガールの餌付《えづ》けショーは、近年では、水中マイクをつけたダイバーによる生態説明に代わられてきた。水中マイクだけでなく、外のモニターにつながった水中ビデオカメラを持っているのが、最近の流行だ。

変わったところでは、三重県の「志摩《しま》マリンランド」の、地元の伝統漁業である海女《あま》を紹介した「海女の餌付け」。餌付けよりも海女の紹介がメインなので、ダイバーは本物の海女さん。昔ながらの白い磯着に、ゴムとガラスでできた磯眼鏡を着用、もちろんダイビングの機材はいっさい使わない素潜りだ。水族館以外の施設を含めても、日本でたったひとつ、海女を水中で見ることができる水族館だ（同じ三重県の「ミキモト真珠島」では、水面上から、昔ながらの海女漁を再現したショーを見ることができる）。

海女は磯着に素潜り（志摩マリンランド）

イルカの超能力ショー

ジャンプをするだけがイルカショーではない。イルカには泳ぐことの飛び抜けた運動能力だけでなく、ヒトの常識では超能力と映《うつ》るような身体能力があるのだ。

「鴨川《かもがわ》シーワールド」で行なわれている、とても静かで驚きのイルカショーが、シロイルカ（ベルーガ）の水中ショーだ。目隠しをしたシロイルカが、ボールを見つけてきたり、図形を見分けたり、その材質

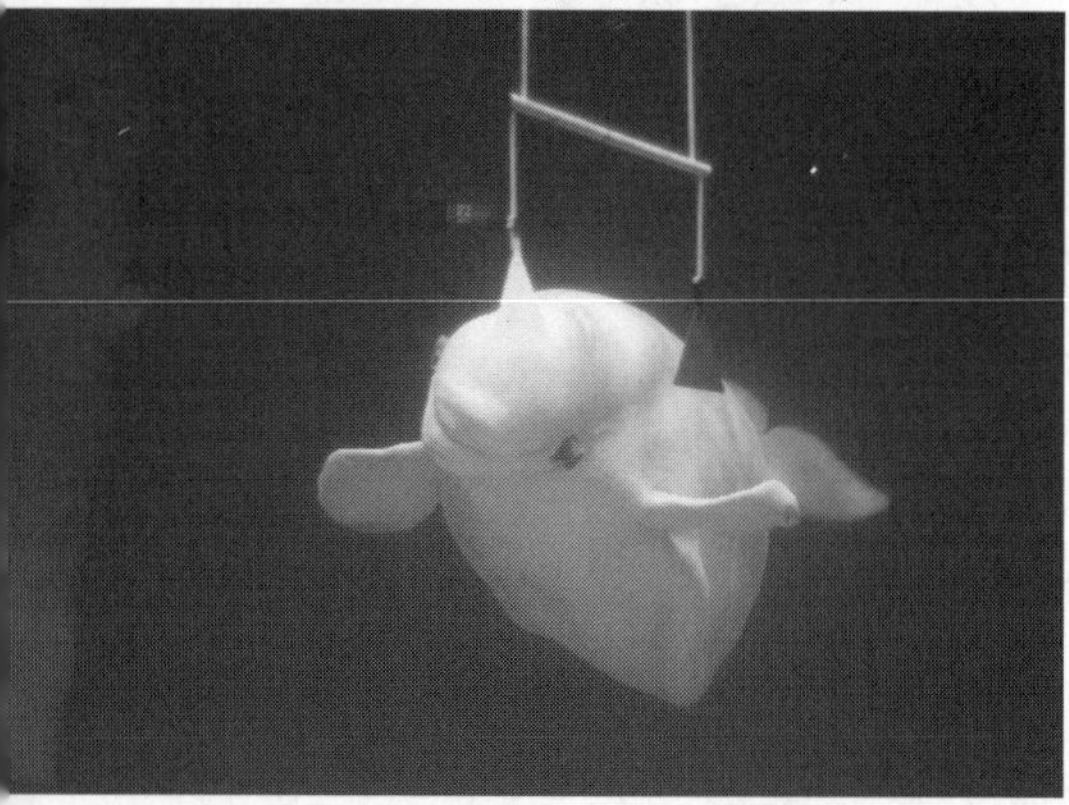

水中のシロイルカは巨大だ（鴨川シーワールド）

この顔、一度見たら忘れられない（鴨川シーワールド）

まで見分けてしまう。これは、イルカたちが持っている、音波を出して戻ってきた音波を分析するソナーの能力を披露《ひろう》するためのショーだ。島根県の「しまね海洋館アクアス」でも行なわれている。

笑うアシカはどこにいる？

テレビコマーシャルで有名になった、ピエロのように笑うアシカ。あれ、ＣＧだと思っている人もいるだろうが、実在するアシカで、「鴨川シーワールド」にいる。実際に見ると、なかなか迫力のある笑い顔だ。

飼育係はエサ係？

エサの仕事はとても多い

飼育係に「エサ係さん」と呼びかけてはいけない。おそらく眉毛《まゆげ》をヒクッと動かして、知らん顔されるだろう。けれど、飼育係の一日を見ていると、エサを作っているか、エサをあげているか、エサを食べているのを見ているか、食べ残しのエサやフンを掃除しているか、たしかにまるでエサのことばかりしてる。

まあ、ほかにも大切な仕事はいろいろあるのだが、水族館につれてきた動物たちが生きていくのに必要な環境を作るのが飼育の仕事だから、動物にエサを与える仕事は、飼育係にとってもっとも大切で基本的な仕事にはちがいない。

飼育係のエサの仕事は、エサを調達するところから始まる。さらに、初めて飼育する動物だと、なにをエサにしているのかを調査することから始まる。調査→調達→調餌《じ》（エサを作ること）と、エサの仕事は「調」つながりだ。

もっともよく使われるエサは魚で、アジのようにたくさん獲れるものが使われる。動物たちのエサはできる限り新鮮で、できれば安いものがいいから、北海道から沖縄まで地域によって、また季節によって、いろんな魚が使われている。

水中の動物たちのエサをめぐる関係は、陸上の動物たちとはちょっとちがう。陸上だと、草食動物と肉食動物の二つに大きく分かれているのだが、水中には、陸上ほどの豊かな木や草がない。そのかわり、水中には植物プランクトンがたくさんいて、植物プランクトンを食べる微小な動物たちが、食物連鎖の基礎になっている。その後は、それを食う生物たちが順番にいる。食物連鎖だ。だから、エサの大小はあるにしても、たいていはお互いを食い合う肉食動物なのだ。

それは、何百種類もの飼育動物たちのエサを用意しなくてはならない飼育係にとって、ありがたい。たとえば、アジやサバなど海でもエサになっているものをエサにすれば、ほとんどの飼育動物たちが満足してくれるのだから。それらが大きすぎて口に入らないという動物には、小さく切ってあげればいい。

そういった基本のエサに、栄養バランスを考えたり、動物たちの好みに合わせて、小エビやイカ、貝など、必要と思われるエサを順次与える、というのが基本形だ。

それらすべてのエサの調達を、飼育係が行なう。エサを選ぶ基準は、鮮度と値段なのはもちろんだが、脂《あぶら》の強くないエサが好まれる。脂肪分の強いエサだと、運動をあまりしない飼

調餌室のようす（新江ノ島水族館）

育動物にとってカロリー過多であったり、下痢《げり》をしたり、さらに長く置いておくと脂肪分が酸化してエサとしては不適当なものになるからだ。

米国では、そういうことにとても厳しく、エサが水揚げされてから、何度で冷凍保存し、何日のうちに使用するなどと、規定があるのだそうだ。日本ではその点はけっこうあいまいなのだが、鮮度については、たいてい飼育係が生で食べてみて試しているはずで、魚にうるさい日本人の舌によるのだから、捨てたものではないと思う。

飼育係は〝料理の鉄人〟？

そんなわけで、エサ係である飼育係の朝の仕事は、エサ用として大量に仕入れたアジやサバなどの冷凍を解《と》かして、大きさをそろえて分けたり、小さな動物用に包丁で切ることだ。

水族館にいる動物のほとんどはエサを丸飲みするので、エサの魚を大きさによって分けるのは重要だ。大きな魚は、ゾウアザラシやイルカなど巨体の海獣用に、小さな魚はペンギンや海獣の赤ちゃん用になる。

ぶつ切りは、思ったよりも多く作られる。イルカショーやアシカショーでごほうびのエサとなるのだ。イルカやアシカたちは本当は丸飲みするのが好きなのだけど、そんなのをあげていたら、ショーの途中でお腹がいっぱいになってしまう。ごほうびをあげる回数分にショーの回数をかけた数以上のエサが必要だ。このことをイルカやアシカが知ったら、余分なことをせんでいいというだろう。ちなみにイルカは、一日に15キロ程度を食べる。

ぶつ切りよりも小さいエサが必要な者たちのためには、三枚おろしが用意される。エサの頭や内臓は水質を悪くさせるので、身の部分だけにするのだ。三枚おろしにされたエサはさらに、飼育動物たちの口の大きさや食べ方によって、短冊切りから、アジのタタキ風、細切れ、ミンチまで、さまざまな大きさにされていく。

飼育係の包丁さばきはなかなかのものだ。少なくとも平均的な家庭の主婦よりは、はるかにうまい。どこがうまいって、エサの切り口をよく見れば、それがいかにすっきりと切れているかが見て取れるはずだ。三枚おろしが雑だったり、切り口がほぐれていたりすると、水槽に入れたときに細かくちぎれて、水質を悪くする原因になる。

魚たちはどこからやってくるの？

活躍する漁師さん

水族館が魚類を集めるのに、もっともふつうの方法は、漁師さんから譲《ゆず》ってもらうという手だ。まあ、そう、魚屋さんと変わらない。いや、水族館では生かしたまま必要なのだから、どちらかといえば、生け簀《す》料理屋さんと変わらないといえる。

でも、魚を手際よく獲《と》るプロといえば、漁師さんの右に出る者はいないのだから、当然といえば当然だ。そして、水族館といえども漁業権は無視できない。漁業権を持っている水族館というのも、あまり聞いたことはないし。

そんなわけで、ほとんどの水族館の、日本の海の生物の多く、魚類やエビ・カニ類から、ジンベエザメやマンタも、あるいはイルカやシャチでさえ、近海漁業の漁師さんたちの手によるものであることが多い。

水族館といえば、ペンギンはもちろん、イルカやラッコがいるのが当たり前みたいな雰囲気が強いが、実は、地元で調達した生物だけで展示をしているという水族館は少なくないし、それで十分に美しく楽しく、バリエーションにも富んでいて飽《あ》きさせない。

日本の近海漁業をあなどってはいけない。黒潮と親潮があり、北海道から沖縄まで長く伸びている日本沿岸は、生物の宝庫だ。東海大出版刊の『日本産魚類大図鑑』には、なんと3400種もの魚類が収められていて、その多種多様さにはおどろく。

漁業ではさまざまな魚類が獲れるが、食用として市場には回せない魚類も多く混じっている。たいていの場合、それら食用にされない生物が、形や色など、ちょっと変わっていて水族館向きなのである。

近海で漁をしている漁船には、魚類などを生きたままで運ぶことのできる生け簀がついていて、水族館と契約している漁師さんは、市場で売れないものでも、水族館のために生かしておいてくれるのだ。

珍しいものが獲れれば、すぐに電話がかかってくる。そうでなければ、船着き場や漁港のすみに、水族館用の魚類の畜養場所を作っておいてくれて、適当な数がまとまってくると水族館に連絡を入れる。

飼育係は、漁師さんからの連絡がありしだい、トラックに魚類運搬用タンクを荷台にくくりつけて、漁港に向かうというわけだ。

さて、お値段だが、それはいろいろ。水族館でほしいものにはいくらか色がつくし、そうでないものはまとめてナンボ。いずれにしても、漁師さんにとっては、市場に出しても売れない魚だから、飲み代にでもなればいいかという大らかな取引になる。

ただし、いくら珍しくなくて地味な魚でも、市場に出したらいい値のつく魚は、市場価格で買うしかない。

漁師になる飼育係

近海の魚は、水族館スタッフが独自で採集することも多い。しかし、独自に採集するためには、独自で船を持っているか船をチャーターしなくてはならない。経費もかかるから、独自の採集は沿岸が中心になる。

漁師さんたちは漁業のプロだけど、漁で獲れた生物は食べることを前提としているので、市場でいい値がつくように生物を扱《あつか》うことについては一流の知識と経験と技術を持っているのだが、その後、水族館で長く飼育するための知識や技術については素人と変わらない。

そこで、採集つまり漁のプロである漁師さんと、生物を扱うプロである飼育スタッフの両方の技をコラボレーションした、漁船にスタッフが便乗させてもらう方法がある。日本の漁業にはさまざまな漁法があるので、目的の生物がかかりそうな漁をする漁船に狙いを定めて乗せてもらうのだ。

漁船に便乗する飼育係（新江ノ島水族館）

飼育係は、生物にダメージを与えないタモ網や、輸送道具をそろえて乗りこむ。水族館でほしい生物は、たいていが、市場で流通しない雑魚（そういう魚ほど形や色が美しいのだ）や、食用にはとてもならない無脊椎動物だから、漁師さんと飼育係の思惑はお互いに合う。船に上げられる中から、水族館に必要な生物を見つけたら、漁の邪魔にならないよう、素早く、そして状態をよくするための細心の注意をはらって、水族館用としていただくのだ。

特別に狙っている生物がある場合には、漁船をチャーターすることもある。これは一日漁を休んでもらわなくてはならないから、けっこうな経費がかかる。しかし、水族館には漁業権もないし、漁師さんは水族館の人間よりもはるかに海を知りつくしているから、この方法のメリットは大きい。

もう古い話しになるが、何度かスナメリというイルカの捕獲のためにチャーターされた漁船に乗った。その漁船のスピードの速いこと、そして揺れること、さらに海の上ではどこにいるのか皆目見当がつかないこと。

夜明けとともに出航して、昼ごろに帰港すると、波に乱暴に振り回されてバランスをとっていた足腰が、ひどく疲れてガクガクになり、お腹が減っていつもの2倍ぐらいの飯になる。日本の目の前の海というのに、海上と陸上ではずいぶんなちがいで、悲しいながら水族館のスタッフも、海の上ではまるきりの素人なのである。

柄杓《ひしゃく》を持った飼育係は何をしているの？

海岸で採集しても立派な展示動物

近海のものは、なんでもかんでも漁師さんにたよっているというワケでもない。漁師さんの協力をあおぐにしても、漁船に乗りこんで、飼育係みずから漁をすることもあるし、海から上げられてきたばかりの網にかかっている、カニやエビ、ウニやヒトデなど、無脊椎動物を採集させてもらうこともある。

また、釣りや網では獲《と》れない生物を採集するには、海への潜水《せんすい》が手っ取り早い。もちろん、漁業権のない水族館は、漁協の許可を得なくてはならない。潜《もぐ》って獲るのは、動きの遅い無脊椎動物には最適だ。

潜ったり、船で漁をするのはたいへんだけど、もっと簡単に、岸壁からタモ網を入れて採集する方法もある。そんなお気楽な方法で採集したものを水族館で展示するの？　と思うだろうが、最近流行《はや》りのクラゲの類などは、そんな方法で採集されている。クラゲ担当の飼育係は、大きな柄杓（ボクの田舎では肥柄杓とか便所柄杓といっていたが）を持って岸壁をうろつき、珍しいクラゲをゲットしてくるのだ。

春先から秋にかけての岩場のタイドプールでは、サンゴ礁魚類が採集できる。海水浴などに出かけたとき、岩場の浅瀬にコバルトブルーの小魚が群れを成しているのを見かけたことはないだろうか。沖縄のほうから、暖流に乗って流れてくる流れ藻にくっついていたサンゴ礁魚類の稚魚たちが、暖かい浅瀬に棲《す》み着くのだ。

太平洋沿岸では、房総半島にまで、色鮮やかなサンゴ礁魚類がたどり着く。しかし寒い冬を越すことはできないために、死滅回遊魚と呼ばれている。飼育係に採集されると、死滅しないですむ。

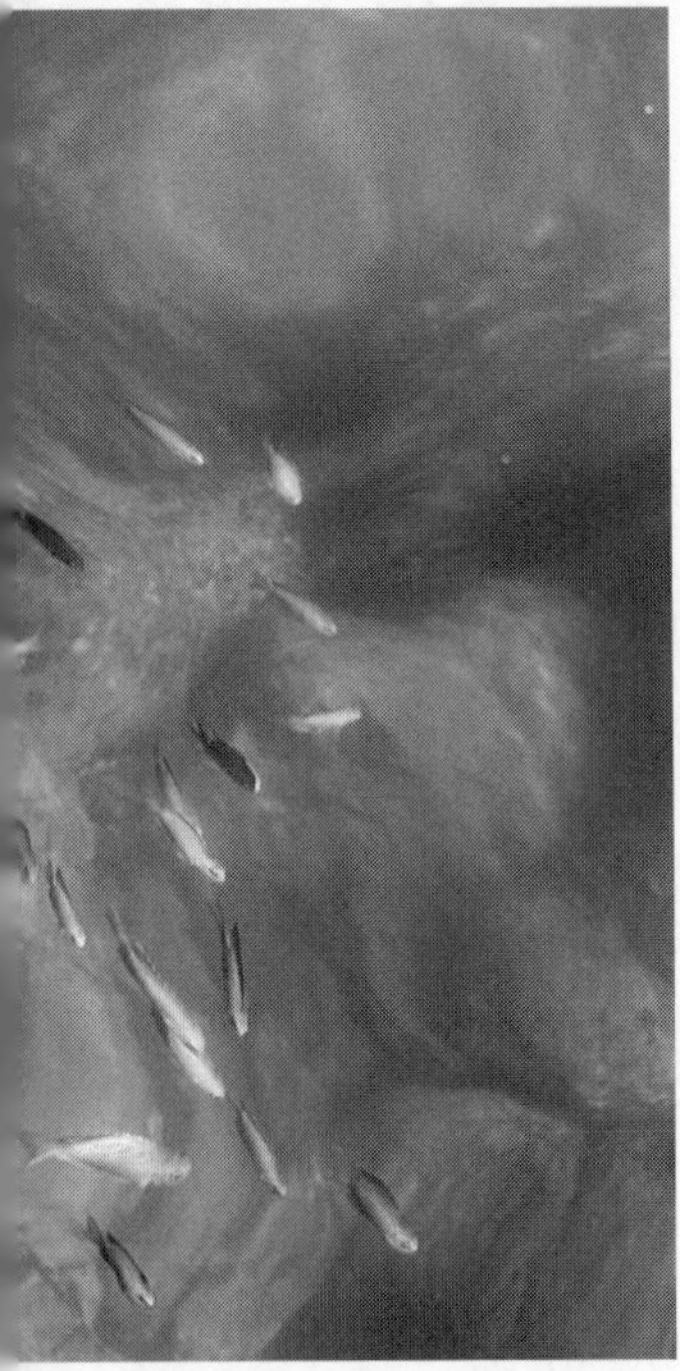

このように、飼育係が自分たちで採集することを「自家採集」と呼んでいる。自家採集は地味なようだが、しっかりやってしっかり育てればかなりの展示ができる。伊豆の「あわしまマリンパーク」は、淡島の周辺

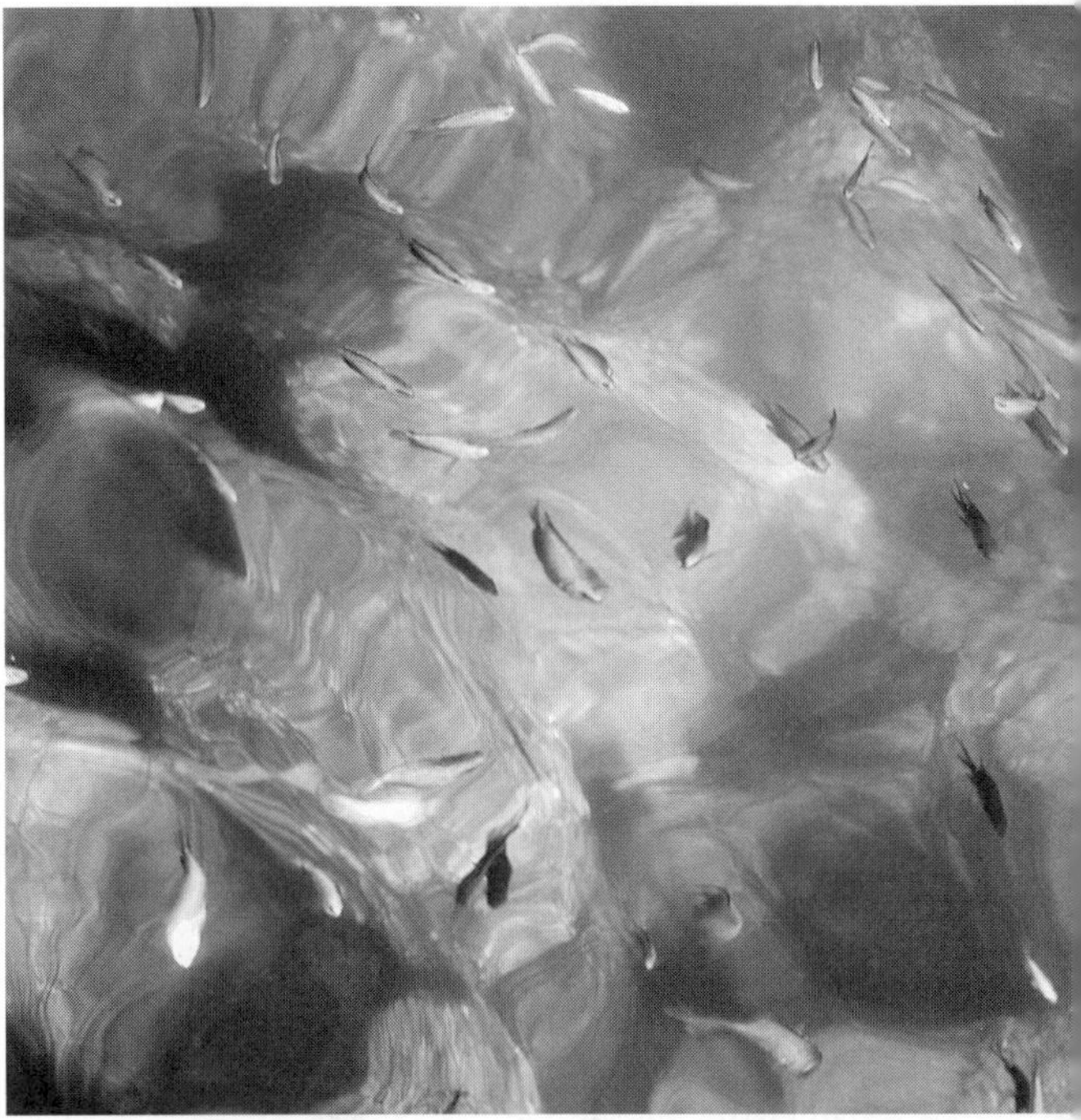

死滅回遊魚（あわしまマリンパーク）。沖縄など亜熱帯で産卵されたチョウチョウウオやスズメダイの卵や稚魚が、流れ藻などに着いて、黒潮に流されてくる。暖かい場所を好むので、岸の近くの浅い磯に棲み着くが、水温が15度以下になると耐えられず死んでしまう。コバルトブルーのソラスズメダイを見かけることが多い

だけで採集した生物のみで展示することをポリシーにし、紀伊半島の「串本《くしもと》海中公園」では、近所の漁師と自家採集だけで展示を行なっているが、どちらもなかなか見ごたえがあって、日本の海の豊かさをあらためて感じることができる。

ピラニアの水槽掃除は怖くないの？

ピラニア水槽に手を入れる

ピラニアは、だれもが知ってるアマゾンの猛魚だ。いつも暴走族のように群れていて、食べられそうな者がやってきたら、いっせいに飛びかかり、鋭い歯で肉体を切り刻《きざ》む。一瞬のうちに白骨死体だけが残るというのだ。

そんなピラニアがいっぱい入っている水槽を掃除するにはどうすればいいのだろう？ピラニアは暖かい水を好むから、水槽の内側には水苔《みずごけ》もいっぱい。毎日のように水槽掃除が必要なのだ。掃除のたびに、どこか別の水槽に移すわけにはいかない。

しかし、飼育係はまったく意に介さない。おもむろに掃除用スポンジをつかむと、素手のままで水槽に手を入れるのだ。水槽が深いと、水中眼鏡をつけて頭まで水に入れるタフな飼育係もいる。その間、ピラニアたちは水槽のはしっこに控えて、遠巻きに飼育係の手を見ているだけだ。

この光景は、観客の度肝を抜く。おどろいたり怖がったり、とにかくみんなが騒いでくれるから、ピラニア水槽の掃除は、わざわざ客のいるときにすると決めている飼育係はわりあい多い。

どうやら指が一瞬でなくなるようなことはなさそうだと安心した観客は、「さすが飼育係、ピラニアもよく慣らしている」と感心するのだが、飼育係はピラニアになんの指示も与えてはいない。飼育係と同じように手を入れれば、だれの手であっても、ピラニアに指を食いちぎられることはないだろう。

実はピラニアは、風聞《ふうぶん》とちがって、とても臆病な魚なのだ。なぜなら故郷アマゾン川周辺の川には、ピラニアを食べる巨大魚がうようよいて、

ワルな顔つきだけど、臆病なピラニア（しながわ水族館）

哀れなピラニアたちは、毎日巨大魚の目から逃げ隠れして暮らしているのだ。だからアマゾン川のピラニアの数といったら、海のイワシやアジのように多い。食われて少なくなる分を、猛烈な繁殖力でおぎなっているのだ。

アマゾンで釣りをしていたときに、ピラニアばかりしか釣れないので、頭にきて裸になり、その川に飛び込んでやったことがある。案の定ピラニアは逃げて行って、体のどこも囓《かじ》られることはなかった。ピラニアはあんがい臆病なのだ。

ところで、飼育係と同じように手を入れるというのは、思い切りよくざぶんと入れるということだ。そろっとようすを見ながら指先を入れるのはいけない。間が悪ければ肉片を持って行かれてしまうだろう。実際、掃除以外の作業中にピラニア水槽の水面に手を近づけてしまい、肉を囓《かじ》られた飼育係を知っている。

なお、これらの話はいずれも飼育係のことで、みなさんに面白いからやってみて、といっているわけではない。よい子の読者のみなさんはけっして真似《まね》をしないように。真似をしてピラニアが少し太る分、あなたの体重が少し減ったとしても、当方はまったく関知しない。

デンキウナギで感電しない？

放電させてから作業する

水族館のどこかから、バリバリバリ！　と音が聞こえてきたら、そこにはきっとデンキウナギがいる。デンキウナギが放電しているようすを、音と光の表示でリアルタイムに現す装置が付けられているのだ。

デンキウナギは世界最強の放電動物で、微弱な電気を出して周囲にレーダーを張りめぐらせ、獲物を見つけると電気ショックで獲物を動けなくして食べる。その際の放電力たるや、最大で800ボルト以上。馬がデンキウナギを踏んづけて、ショックで死ぬことがあるというのだから恐れ入る。

ただし、800ボルトといっても、電圧より電流が強く、電流に敏感な馬はショック死しても、ヒトが感電死することはないらしい。電圧が低いというのは、ようするに、デンキウナギをいっぱい積んだ電気自動車を作っても、走らせるような力はないということだ。

しかし、それでも電撃のショックが強いことはたしかで、一度、デンキウナギの半分くらいの放電力とされているデンキナマズ、それもまだ15センチくらいのやつに触ってみたことがあるが、ガツン！と肩まで電気ショックがきた。

こんな連中がいると、水槽の周りは危険でしょうがないように思えるのだが、電気伝導のいい水にさえ手を入れなければ、電気は伝わってこない。ただ、ここでも飼育係には水槽掃除という仕事が課せられている。

そこで飼育係は、アマゾン川流域の人たちがデンキウナギを捕獲するときにやっている方法を採用している。水槽の外からデンキウナギを驚かせ、水中のデンキウナギに放電させきってから、水槽掃除にとりかかるのだ。

充電式電池でも、充電にはけっこうな時間がかかるのと同じように、デンキウナギも放電しきってしまうと、次に放電する電力を貯《た》めるのにけっこうな時間を費《つい》やす。掃除中、ずっとプリプリしながら、せっかく貯めたわずかな電気を放電しているから、飼育係はショックを受けないですむというわけだ。

ところで、水族館のあの大げさともいえるバリバリ音は、実際にデンキウナギの放電で出ているのではないらしい。デンキウナギが放電する電流を関知して、それにふさわしい音やイルミネーションを、電力会社の電気で動かしているのだ。ウソをついているワケではなく、デンキウナギの行動と目に見えない放電の関連性を、その装置でビジュアル化しているのだ

デンキウナギの放電を感知する装置（寺泊水族博物館）

と思っていただきたい。

なお、海にもシビレエイという放電魚がいる。こちらもバケツに入ったシビレエイを触ったことがあるが、すでに弱っていたためか、指先にピリピリと感じた程度だった。それにしても、当時は飼育係になりたてのころで、放電する魚を実際に体感して、あらためて水族館は面白いと思ったものだ。

オオメジロザメ（沖縄美ら海水族館）。世界の水族館で飼育されているうち、もっとも危険なサメだと思われる

人食いザメに襲われた飼育係はいる？

サメは調教できない

水族館には、動物園よりも巨大な動物がいながら、動物園ほどの危険は少ない。アメリカでショーをしているシャチがトレーナーをガブリとやったり、プールの底に引き込んでしまったという話しはいくつかあるが、まだ犠牲者は出ていないはずだ。鯨類はおしなべて理解力が優《すぐ》れているし、コミュニケーションをは

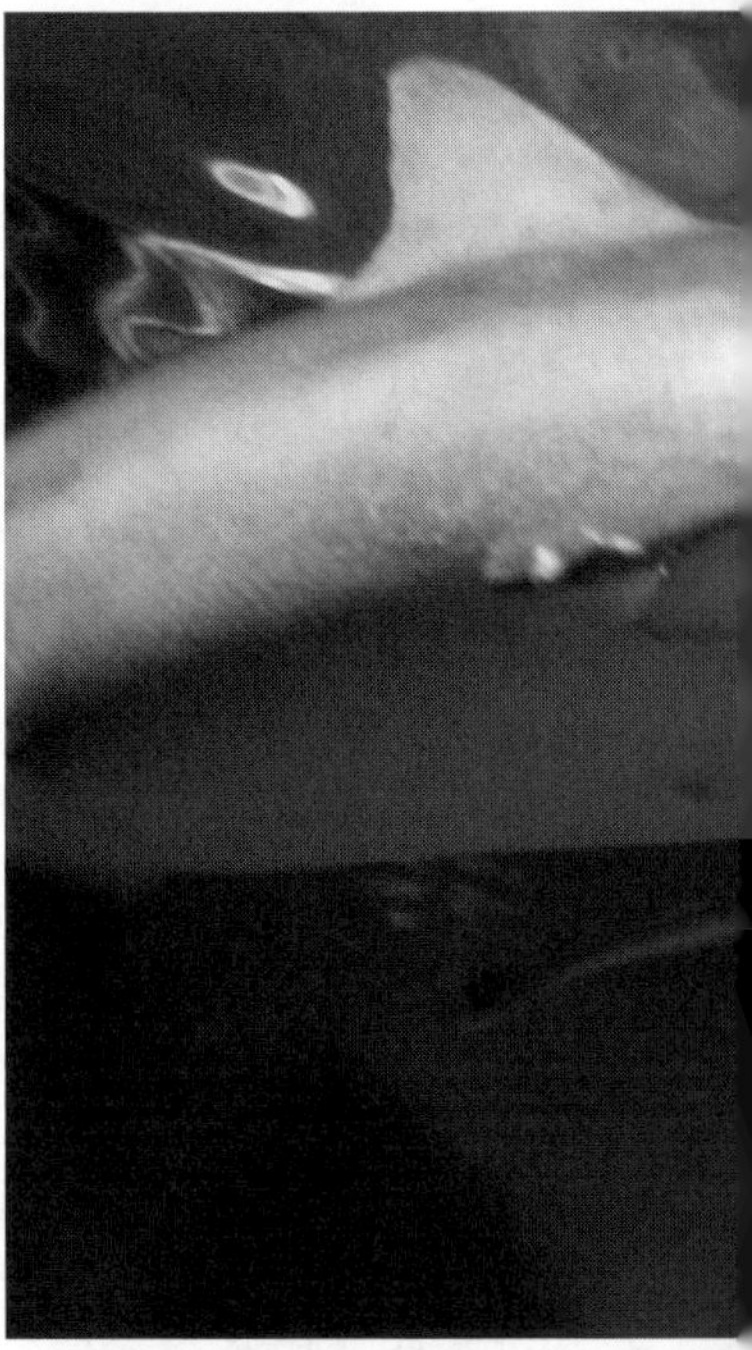

かれる相手だからだろう。

ゾウアザラシやセイウチ、それにトドなどは、巨大で牙《きば》も鋭く、力も半端ではないが、彼らに襲われて重大な事故が起こったという話しもあまり聞かない。彼らは肉食といっても、せいぜいサケを食べるくらいで、ライオンやトラのように大型の動物を食べるために襲うことがないからだ。

しかし、サメだけはちがう。巨大なオオメジロザメを飼っていた水槽に、ある朝飼育係の長靴が1個浮いていて、大騒ぎになったという話しを聞いたことがある。

オオメジロザメは、ホホジロザメとともに、数少ない人食いザメで、一緒に飼育しているほかの大型のサメが体を半分食べられていた、ということもよくあるそうで、それはもう血の気が引いたとのこと。もちろん、飼育係は全員そろっていて、何事もなかったのだが。

人がサメに食べられるのは、人の泳いでいる姿が、大型のサメが好んで食べるアシカやオットセイに似ているからといわれているが、サメの腹からは、古タイヤやブイが出てくることもあるというから、食えそうなものならなんでも食べるのだろう。サメ被害の多いアメリカやオーストラリアでは、サメを撃退するさまざまな研究がなされているが、いまだ決定的な方法は発明されていない。

それは、たとえ水族館でエサをもらっているサメであろうと同じことで、サメを調教することなどできない。人食いザメと呼ばれるサメたちが、飼育係を襲うことは、十分に考えられる。

しかしそれでも飼育係は、サメの水槽をきれいに掃除しなくてはならない。なので、危険なサメの仲間を飼っている水族館では、丈夫な網やシートで水槽の内部を仕切って、飼育係だけが潜《もぐ》ることのできるスペースを確保する。それでも、潜る飼育係はぞっとするとのこと。アクアワールド茨城県大洗《おおあらい》水族館では、飼育係が檻《おり》に入って掃除をしていた。

一方で、大きな口に鋭い歯が並ぶ凶悪面の、2メートルを超える大きさのサメがいる水槽に、飼育係が平気で潜っている水族館もある。実はこのサメは、シロワニというサメで、エイなど底生の生物を食べるおとなしいサメ。むき出しの歯と巨体はいかにも凶暴な人食いザメの風貌なのと、あまり泳ぎ回らないため狭い水槽で比較的簡単に飼育できるので、世界中の水族館で好んで飼育されている。悪役レスラー的な人気があるサメだ。

水槽の中に出てくるホースはなに？

サイフォンの原理は飼育係の必習

水槽の中に、ときおり動くホースを見かけることがある。小さな水槽で見るホースは、飼育係らしき指に握られていたり、大水槽では、まるで巨大な掃除機の吸い取りホースのごとく動いている。そう、まさにそのホースは水中掃除機のホースなのだ。動物が水中にウンチを転がしたり、エサの食べ残しを落としたときなどにこの掃除機を使う。

使い方は電気掃除機と同じで、吸いこみたいものの近くにホースの先を持っていけば、あっという間に吸いこんでしまう。ただし、電気掃除機のように電気代も必要なければ、うるさい音もしない。

この仕組みはサイフォンによるものだ。サイフォンとは、水槽などの水をホースによっていったん水面より高い場所を通らせながら外に出す不思議な現象のことで、灯油を入れる手押しポンプが、一度通り出せば放っておいても流れ続ける、あの原理とまったく同じだ。

このサイフォンを使うと、水を出す力は、水槽内の水面の高さから、もう一方の水が出ているホースの端がある場所の高さを引いた力となる。だから、深さが3メートルもある水槽なら、相当な勢いの流水で水槽掃除をするということだ。ウンチの1個や2個、どうってことなく吸い込んでしまう。

置き型の水槽で、急いで水を抜かなくてはならないときにもサイフォンを使う。底に穴が開いていない水槽でも、サイフォンの力で、水をすべて吸い上げてしまえるのだ。

ただしサイフォンには、最初にホースに水を貯《た》めるという作業が必要になる。小さな水槽の短くて細いホースであれば、口をつけて思い切り吸いこみ、肺の力で水槽の水を引き上げる。ときおり、失敗して汚れた水槽水を口の中まで入れてしまうこともあるが、かなり太いホースでも気合いで成功させる。

近くに蛇口があれば、そこから逆流させて水を貯める。蛇口もなく、肺の力でも引き上げられないときには、ホースを水中に沈めて水を流しこみ、ホースの中を水でいっぱいにする。

このように、水族館の飼育係はホースを駆使して水を扱《あつか》う。それをホースワークという。ホースワークには長いホースを、いかに早くコンパクトに美しく巻き取るかということも含まれている。新米飼育係が片づけたホースは、中に水が残っていて重かったり、巻き方がくずれていたり、大きさがばらばらだったり、さらに次に使用するときにからまったりとさんざんだ。

水槽の中のダイビングは楽しい？

水中で居眠りすることも

近ごろ、水槽内に潜《もぐ》っている飼育スタッフを見かけることが多くなってきた。それは、水槽の大型化が進んだからだ。小さな水槽なら、ガラスや壁を磨《みが》くのはモップでできたし、その気になれば、水を全部抜いてゴシゴシやることも簡単にできた。ところが、大型水槽ではそのどちらも困難だ。

さらに、かつては大型水槽といえば、海獣類の水槽だけで、空気を呼吸する海獣の水槽には藻《も》が生えにくいような水質管理もできたのだが、最近の、自然環境を表現する展示では、水質に注意が必要な無脊椎動物を飼育したり、天窓から太陽光を入れて海藻を生やすなどしている。アクリルガラスや壁に藻が付いて汚れやすい環境がそろっているのだ。

だから、水槽に潜っている飼育係は、ほぼまちがいなく潜水掃除をしているのである。まあそれでも、まったく楽しくないというワケではないが、外から見ているのと、実際に潜水掃除をするのでは、天と地ほどの差がある。

ボクが初めて潜水掃除をしたのは、冷たくて窓もあまりないスナメリというイルカのプールだった。それでもとにかく初めて動物のいる水槽に潜水できるのだから、重いダイビング機材や、息がつまりそうに苦しいセミドライのダイビングスーツのことも忘れるくらいワクワクした。水中に入ると、スナメリがこちらを見ながらグルグル回っている。最高の気分だった。

しかし、最高の気分はそこまで。あとは汚れたガラス窓に向かって、タワシをゴシゴシこするのみ。藻はガラスのすり傷にしっかり根を張ってなかなかとれない。腕に力を入れると同時に、足でキックをしつづけないと、こすることもできずに窓から離れてしまう。まるで壊れた人工衛星を修理する宇宙飛行士のように不安定だ。

水中眼鏡の視界はおどろくほど狭く、目の前には窓ガラスがあるだけなので、広々とした水中どころか、井戸に吊《つ》るされて仕事をしているような気分になってくる。窓ガラスならまだ観覧者の顔が見えたりして、ときにはあいそをふりまくこともできるが、逆立ちになってプー

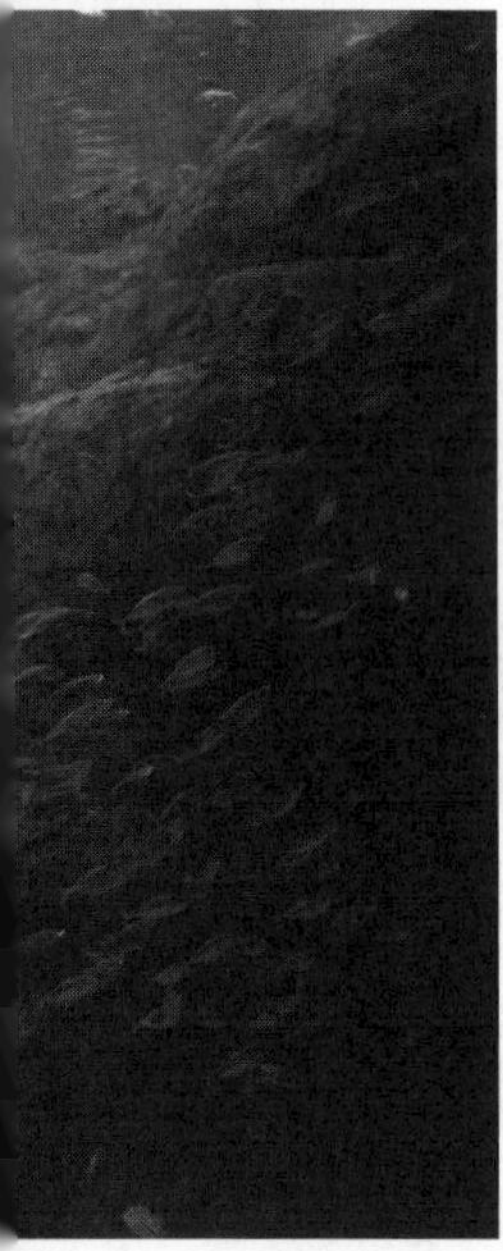

新江ノ島水族館のダイバー解説。掃除に比べれば天国

ルの底を1時間も磨いていると、いつの間にか催眠状態におちいってしまう。

潜水《せんすい》掃除中に寝てしまう飼育係は少なくない。なんか寒いし、息苦しいなあと思って目が覚めたら、天井でスナメリがグルグル回っていたことがある。掃除を終えてぐったりとなった体を、水槽の底で大の字にして伸ばしていたら、どうやらそのまま眠ってしまったらしい。ボンベの空気がなくなりかけて目が覚めたのだ。あくる日、きっちり風邪を引いていた。

潜水《せんすい》できないと飼育係になれない？

ハードボイルドな潜水作業

潜水できない飼育係なんて考えられないだろうが、実際にはできない人もいる。それどころかまったく泳げない飼育係も知っている。潜水はある程度危険をともなうものだし、飼育係になったからといって、強制されるものではない。

潜水できないと、潜水掃除をしなくていいのだけれど、そのかわり、水族館で行なわれるさまざまな調査活動のメンバーに入りにくくなる。フィールド調査にはたいていの場合、水中の潜水調査がつきものだからだ。

だから、ほとんどの飼育係は、まずダイビングのライセンスを取得する。しかし、ダイビングのライセンスを持っているだけでは、まだ、水族館の仕事はできない。

仕事として潜水作業をする人は、国家試験である「潜水士」の資格を持っていなくてはならないのだ。潜水士資格を持っていないダイバーを業務に関わることで潜《もぐ》らせると、水族館が罰せられる。潜水調査も潜水掃除も、水族館における業務なので、潜水士でなければ参加できないのだ。

実際、ダイビングを楽しむのと、業務で潜水をするのとでは、これもまたまったく次元がちがう話だ。業務で何かをやり遂《と》げなくてはならないとき、やっぱりある程度無理をしてしまう。レジャーダイビングでは、2人でバディーを組んで潜ることが条件だが、仕事で撮影や調査をするときには、たいていみんなバラバラになる。

ボクはとてもうかつな人間だから、窮地《きゅうち》におちいったことは何度もある。オットセイを食べにきたホホジロザメのいるタスマニアの海底で、ジャイアントケルプにからまって動けなくなったとき、ナイフを忘れてきたことに気付き、何度もパニックになって死を覚悟した。まあなんとか脱出したけれど……。

やぶれた網を引きずって逃げるジュゴンに、同僚が網と一緒にあやうく海底まで引き込まれそうになったのを見たこともある。チリでは、目の前で部下が大波にのまれて、九死に一生を取り留めた。

そうやって、ひとつずつ思い出すたびにいまさらながらぞっとする。水族館の潜水の仕事は、けっこうハードボイルドな味のする仕事なのだ。

獣医は何をする人？

一人で総合病院

最近の水族館には、獣医さんがいることが多い。かつては、獣医といえば動物園の飼育スタッフで、水族館の飼育スタッフは、水産系が中心だった。水族館にも獣医がふつうにいるようになってきたのは、海獣類を飼育するところが増えたのと、海獣を飼育するにあたってのさまざまな処置の方法が増えてきたからだ。

実際のところ、動物たちが病気になった場合は、病気にかかったことに気づくのも、なにが原因なのかつきとめるのも、獣医より、動物と毎日付き合っている担当の飼育係やトレーナーのほうだ。たいていの場合は、その治療法さえも、まちがいなくできることが多い。

ただし、それは「家庭の医学」とか「おばあちゃんの知恵袋」のようなもの。「熱が出ると食欲がなくなります。卵酒を飲んで、ゆっくり休みましょう」というあれだ。哺乳動物のことは、ヒトの知識でたいていのことはまにあうのだ。

しかし、ヒトの医学が日々進歩しているのと同じく、動物たちの医学も進歩している。治療の方法も、薬の種類も、検査の方法も、研究の方法も増えつづける。正しく迅速《じんそく》な治療をほどこすには、専門的な基礎知識や技術を持った獣医が必要なのである。

獣医はヒトの医者とちがって、内科から外科、眼科に耳鼻咽喉《いんこう》科、泌尿器科、さらには産婦人科まで、すべての分野にわたって動物の医者だ。しかも、薬剤師として薬の調合もやる。医者もいない地の果てにフィールド調査に行ったときには獣医がいると助かる。具合が悪いとき、「家庭の医学」よりも的確なアドバイスをくれるのだ。

とはいっても、そうそう毎日獣医が出動しなくてはならない病気やケガがあるわけもないし、あったら困る。じゃあ、獣医はふだんいったい何をしているのか？

検診と予防だ。検診によって通常の状態をよく知っておけば、よくない兆候があったりすると、それを事前にくい止めることができる。体温を計《はか》ったり、血液検査をしたりして、それぞれの動物たちの体調を毎日チェックしているのだ。

死んでしまった動物を解剖するのも、獣医が担当する。ここでは検死官の役割だ。獣医は生きている動物にメスを使うことは少なく、死因を調べるために使うことが多い。検死解剖も、生きている動物たちの病気を予防し、治療するための大切な仕事だ。

なお、水族館によっては、ふだんは飼育をしたり、トレーナーとしてショーに出ている獣医もいる。獣医とは役職ではなく、資格であり技術なのだ。

column

動物の検診

いい大人になってもゆううつな病院での検診。血液を抜かれるのと、バリウムは好きになれない。異常が出て胃カメラによる再検診をしなくちゃならないときには、推《お》して知るべし。

病気の早期発見のためと思っていても、検診が好きになれないのに、それを動物たちに行なうのは、これはかなり難しいことだ。

動物の検診も、ボクたちが病院や検診センターで受ける検診と、内容はそうちがわない。基本的には、食生活のヒアリングに始まって、体長・体重の身体測定に、検温、検便、血液検査あるいは検尿といったところ。

この中で、食生活のヒアリングは、エサを与えている飼育係の記録で分かるし、酒・たばこ・その他嗜好《しこう》品については、まずやっている動物はいない。

体長はヒトに慣れていればわりあい簡単に測ることができる。体重は、イルカやマナティーなどだと、担架で吊《つ》り下げて計《はか》る。アシカの仲間やラッコだと、自分で体重計に乗るように訓練してしまう。ペンギンやカワウソは、飼育係が抱いて体重計に乗り、飼育係の体重を引く。どれにしても、獣医というより飼育担当者の仕事が多い。

さて問題は、検温に血液検査と検尿だ。これらは、体内の情報だから、体調だけでなく、性周期（排卵）や妊娠の兆候などを知ることもできる。獣医にとっても、飼育係にとっても喉《のど》から手が出るほどほしい情報だが、ヒトのように簡単にはいかない。

検温は簡単そうに思えるだろうが、ヒトのようにワキの下では計れない。毛が密生しているのも、皮膚《ひふ》が濡れているのも、皮膚で体温を計るには条件が悪い。かといって、口の中に体温計を入れたら、牙《きば》で壊《こわ》してしま

よく訓練されたイルカにとっては、検温もパフォーマンスの延長だ
（新江ノ島水族館）

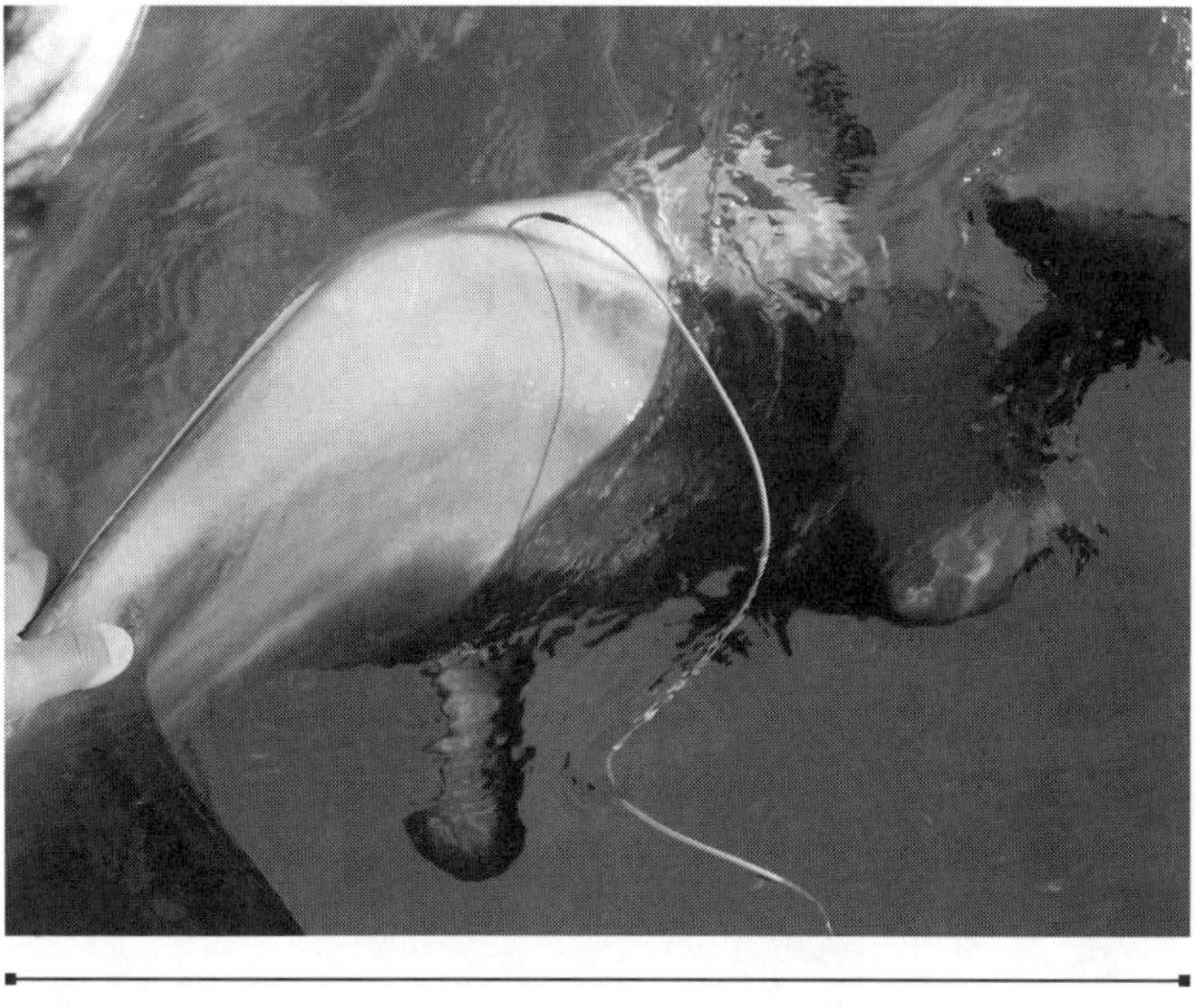

うだろうし、最近流行の耳温計を使うにも、海獣たちの耳の穴はほとんど開いていない。それで、肛門での検温となる。もちろん、肛門は内臓に一番近くて弱いところなので、そこに体温計を入れるのはだれだって嫌に決まっているが、動物にはその理由も理解できないから、押さえつけなくてはならない。

でも、トレーニングされたイルカは、訓練を重ねることによって、お腹を上に向けて、検温に協力をしてくれるようになる。もちろんイルカも、それが健康のための検診だとは知らず、芸ネタのひとつくらいに思っているはずだ。

注射器を使わねばならない採血も、検温と事情は同じだ。慣れない動物は固定しなくてはならないが、イルカは、芸ネタとして採血を受け入れてくれる。

採血が難しい動物の場合は、検尿なのだが、おしっこは水中でされたらお手上げだ。鳥羽水族館のジュゴンは、ジュゴンを仰向けに浮かばせて局部を刺激するという方法で採尿を成功させていた。草食のジュゴンは、エサにつられてショーをするような動物ではないので、そこまで慣らした技術は賞賛に値する。

第四章

なんでかなー？ 素朴な疑問

死んだ魚は食べちゃうの?

飼育したとたんに食材ではなくなる

水族館では、毎日のように動物が死ぬ。そんなことをいうと、まるでとんでもないことが水族館の裏側で起こっているように聞こえるが、命ある者には必ず死がある。水族館は飼育動物が数万匹もいる大都市だし、もともと成長してからの寿命が1年以内という動物だって多いのだから、毎日だれかが死んでふつうなのだ。

じゃあ、動物が死んだら食べちゃうのだろうか? いや、そういうことはまずない。それがどんなにおいしそうな魚であっても食べない。タイであってもイセエビであっても、クロマグロであっても……んー、たぶん食べない。たぶん、というのは、実はかつてある水族館の館長に「長年飼っていた巨大なクエが死んだので、クエ鍋にして食べたら、とてもおいしかった」と聞いたことがあるからだ。

しかしまあそれは、かなり昔の話である。ボクがかつて働いていた水族館は経営母体が水産問屋だから、オープンして間もないころは、出荷用の魚が水槽に入れられていたのだそうだ。大漁のときには、水槽内はラッシュアワーのようにタイが泳ぎ、出荷したとたんに、売り物にはならないような魚が、わずかに泳いでいるばかりだったらしい。食う食わないというよりも、食うための魚を展示していたのだから分かりやすい。

しかし、そんな逸話《いつわ》のある水族館でも、近代の飼育係は水槽の魚を食べるなんて気持ちにはならないらしい。その理由のひとつには、病気予防のための抗生物質などを食べさせたりしているからだという。しかし、養殖の魚はすべて抗生物質を大量に摂取しているのだから、それが理由のすべてではないだろう。もうひとつの理由には、何が原因で死んだのか分からないものを食べるのは気持ち悪い。そんなもの食えるか！　ということらしい。

でも一番の理由は、飼育係にとって、飼育した魚と、飼育していない魚は、外見は同じでも中身がちがうからのようだ。つまり、ペットを食べる人はいないのと同じような理屈だ。

ある飼育係は、魚を手に入れた瞬間にその理屈のとおりになる人だった。漁師さんに近海魚の買い付けに行く。すると漁師さんが余分に、「これ晩飯のおかずにあげるよ」と、飼育用に買ったのとは別に、立派なカレイをくれたりするのだ。それは、まだ生きていて、ほかの飼育用魚類と一緒に生け簀《す》に入れて持って帰る。ボクの目には、飼育用のカレイと晩飯用のカレイ、どちらも変わるところはまるでないのだが、彼は水族館に着いたところで晩飯用のカレイを見つけ出し、躊躇《ちゅうちょ》なくしめた。

ところが、飼育用として買ってきた魚は、水族館に到着したところで息絶《たた》え絶《だ》えになっていても、なんとか生かそうとする。そして死んだら、もう食べる気になんかなれないという。彼にとって、飼育する魚として手に入れたらその時点で、大切な飼育動物として感情移入までしてしまう。しかし食うものとして手に入れたものは、同じ魚でもうまそうな食材として目に映《うつ》るのだ。

しかしまあ、そのあたりの判断は、それぞれの水族館の文化があって、微妙にちがうのだろう。同じ水族館の別の飼育係は、飼育用の魚であっても、水槽に移すまでに死んでしまえば、それも食うものとして扱《あつか》っていた。彼は水槽に入れたら飼育動物としての扱いが始まるのだそうだ。ボクもその判別の仕方で、輸送で弱った魚をずいぶん食べた。

なんの後ろめたさもなくおいしくいただくことができたのは、きっと魚は食べるものであるという気持ちが強いのだろう。

でも、そんなボクであっても、やっぱり水槽に泳いでいる魚を食べる気にはなれない。理由などないのだが、おそらく飼育係としての自覚のせいだったのだろう。

死んだ魚のお墓は？

さて、死んだ魚を食べないのなら、どうするのか？　まず、死因が明確なものは、そのままゴミとして処理される。死因がはっきりしていないものや、珍しいものは、解剖が行なわれる。

水族館の研究施設としての役割は、本来生きている生態を観察することが中心だが、死んでいる動物が目の前にあれば、解剖学的な研究も大切だ。

また、解剖された結果から、飼育方法の改善や、今後のケガや病気の予防法を探し出すこともできる。死んだ動物は、ほかのまだ死んでいない仲間たちのために役立つのだ。

ただ、こんなふうに淡々と書いてはいるけれど、飼育係にとって、動物が死ぬのはとてもつらい。解剖の前には習慣的に手を合わせて動物の冥福《めいふく》を祈り、たいていの場合、その動物の担当者のすすり泣きが聞こえる。担当者は、動物は死んだのではなく、自分が殺してしまったのだと考えるものである。

特に、ショーなどを行なっている哺乳動物が相手だと、悲しみもより深い。野生の海獣だから、犬やネコのような遺伝的にヒトとのコミュニケーション能力を発達させたペットではないが、それだけに担当者と動物の間には、彼らだけにしか分からない、微妙で繊細なコミュニケーションの方法があったのだ。

解剖後の肉塊は、ゴミとして処理されるが、それでも、死んでいったすべての動物たちへの思いは残る。それで、多くの水族館には、水族館で死んだ動物たちの慰霊碑《いれいひ》が見つけられ

新江ノ島水族館にある、飼育動物たちの慰霊碑

る。また、毎年動物たちの慰霊祭を行なっている水族館も少なくない。水族館の裏庭などに、ちょっとした碑が建っていたら、「慰霊碑」となっている可能性がある。つまりこれが、動物たちのお墓なのだ。

慰霊碑の存在は、水族館の、動物たちへの感謝の気持ちと、動物にも魂があることをどこかで信じているという証《あかし》だ。その感覚は、まるで非科学的だけれど、水族館が好きな者にとっては、とてもホッとする碑である。

死んでからも役に立つ

珍しい動物であったり、水族館にとって特別の動物であった場合には、死んでからも、剥製《はくせい》や、骨格標本、あるいは液浸《えきしん》標本というアルコール漬《づ》けの標本などになることが多い。

標本として、さまざまな学術的、学習的な役割を担《にな》ってくれるのだ。剥製は、動物を近くで見たり、毛の感触を触って知るための学習アイテムとしてよく使われるし、骨格は、体の文字通り屋台骨だから、さまざまな比較研究ができる。恐竜以前の動物たちも、骨格だけは化石になって調べられるから、太古の化石動物との比較だってできる。

葛西臨海水族園では、死んだマグロをさらに進んだ使い方で役立てている。もちろん、超高級魚クロマグロではあるが、死んでもぜったいに食べることはない。しかし、食べはしないが、さばく。マグロの解剖学習などを公開しているのだ。

雰囲気は似ているが、けっして「マグロの解体ショー」ではなく「マグロの解剖学習」だ。マグロは毎日のようにさばかれている魚だから、研究のため特に解剖を必要としているわけではないが、来館者への学習の材料としてはとてもいい。なにせ、海に三枚おろしになった魚が泳いでいると思っている子どもがいるという時代だから。

かつては学校でよくやったフナの解剖のマグロ版と考えればいいだろう。しかし、やはりマグロだからなのか、来園者からは「ワサビは持参ですか？」などの問い合わせが多いそうだ。……もちろん食べない。

死んだマグロは、目の不自由な人たちの触察《しょくさつ》展示用としても利用される。触察とは、手で

ニホンアシカの剥製（しまね海洋館アクアス）。ニホンアシカはすでに絶滅していて、剥製になった標本のみが、生きていたころの姿を残している

触れたり匂いをかぐことなど、視覚以外の感覚をフルに使って水族館を見学することだが、目の不自由な人には、光やモノの形などは認識できる人が多く、水族館にはよく来るのだ。その人たちにマグロを解剖して、触ってもらい、魚の体の仕組みを知ってもらうことに使っているのである。

また同園では、死んだマグロも生ゴミとして処理するのではなく、肥料に処理をして、園内の植物育成肥料として利用しているのだそうだ。植物を動物が食べ、動物の排泄物や死体が分解されて、それを栄養に太陽の光を受けて植物が育つ、という自然の循環《じゅんかん》としては、非常によく考えられたシステムだ。

水槽の魚は、大きく見える？

水中で見るのと変わらない

水族館に入って、大型の魚類を見ると、想像していた以上の大きさなのに、ちょっとびっくりする。そういう人はわりと多いようで、「水中の魚は大きく見えるんですよね」とたずねられることは多い。

そこで勢いこんで、「そうなんです！」と答えると、お客さんは「な〜んだ、やっぱりそうなんだ。ホントはもっと小さいんだよ、この魚」なんて反応をするから、水族館のスタッフはお客さんをがっかりさせないために、おおむね「ええ、少しはね」と答えるくせがついている。

だけど実は、水槽の魚は少しどころか、かなり大きく見えることになっている。光は、密度のちがうところを通ると屈折する性質があって、もちろん空気と水とを通ることでも曲がるからだ。

浅そうに見えていた川やプールに入って、思ったより深いのに驚いたことはないだろうか？

大きく見えるとはいっても、実際に大きいものは大きい。3メートル近いピラルク（須磨海浜水族園）

ボクは子どものころ、それであやうく溺《おぼ》れかけた。その効果が屈折だ。川の底が屈折によって近くに見えてしまうのだ。

原理はどうでもいいことにして、空気側から水中側を見ると、距離が4分の3になる。つまり、1メートル先の魚が75センチ先にいるように見える。近くなれば、その分大きく見えるから、大きさは3分の4で、1・33倍に見えるということになる。

しかし、ガラスのすぐそばに来た巨大魚の大きさにはほとんどいつわりはない。なぜなら、ガラスと魚の間にあまりすき間がないのだから、10センチ離れているのが7・5センチに縮まったとしても、たいしたちがいはない。そう考えると、たしかに少しだけしか大きくは見えないはずだ。

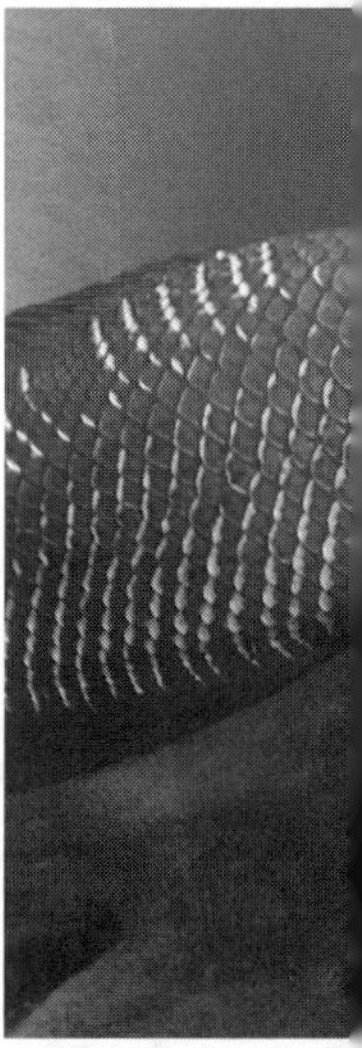

そんな程度の屈折よりも、はるかに大きく見えるのが、円柱型の水槽や、カーブを描いて張り出した水槽だ。これは、水槽の表面に凸レンズを貼り付けてあるのと同じ効果があるから、中に入っている魚は、とにかく大きく見える。

逆に、トンネル水槽のように、凹んだカーブを描いていると、小さく見えてしまう。ということは、トンネル水槽では、凹みのもっとも強い真上を見るのは、あまり得策ではないのかもしれない。魚たちはみんな小さく見える上に、お腹の白い部分しか見えないし、天井からの光で逆光にもなってしまう。

でも、そんなふうに大きく見えるとか小さく見えるなんてことを、いちいち考えていたら水族館は楽しくない。たいしたちがいはないのだし、あまり考えないのが一番だろう。

ボクは「大きく見えているの？」と聞かれたら「少しは大きく見えますけど、水中で見るのとは変わりませんよ」と答えることにしている。なぜなら、水中に潜《もぐ》って水中眼鏡を通して見れば、やっぱり同じ現象が起こるからだ。もともとヒトの目は、水中眼鏡をつけずには水中のものをはっきり見ることはできない。ならば、水槽で少しばかり大きく見えるのも、水中眼鏡と同じ体験なのだから、実際の大きさとまったく変わらないといえるだろう。

水中の動物から水槽の外はどう見える?

こちらが水槽の動物たちを見ていると、動物のほうからもこちらを見ていることがある。向こうからは、いったいどのように見えているのだろう?

夜の電車に似ている

水槽を掃除するために、毎日のように潜《もぐ》っている飼育係は、それを知っている。水槽の中から、外はもちろん見ることはできる。ただし、水槽内は明るく、外は暗くなっているのがふつうだから、当たり前だが外はかなり暗く見える。

外が暗くて中が明るいのは、夜の電車に乗って、窓を見るのと同じだ。ガラスが内側の光を反射して鏡のようになる。さらに、水とアクリルガラス、そしてアクリルガラスと空気を通ることによる屈折で、ぼやける範囲が広く、ますますガラスは鏡面のように見える。

それぞれの動物の目の機能のちがいにもよるのだろうが、水槽に入れられて間もない魚などは、窓に自分の姿を発見して、そいつとにらみ合いをしたり、ぶつかって自分のテリトリーを守ろうとする者もいるくらいだ。

ヒトの気配にもおどろくような動物のためには、さらに外側（客側）を暗くしてある。サンマやトビウオ、マグロなどの観覧場所はいずれも真っ暗に近い。真っ暗だったらなにも見えないのだから、水中の動物たちにとっては、ガラスの外の世界はない。ガラスは鏡面かただの壁に映《うつ》っているのだろう。

実は、外をどれほど暗くしてあっても、水中の明るさが外にまで届いて、近くにいる観客の姿はけっこう認識できる。しかし、光は遠くまでは届かないし、屈折のせいでガラスを斜《なな》めに見るととてもぼやけて見えるから、ほぼ真っ直ぐのごく狭い範囲しか、はっきり外を見ることはできない。この原理を利用して、神経質な動物の水槽前には、客を水槽から離す柵《さく》が付けられている。中にいる動物からは、客の姿は、おぼろげにしか認識できないだろう。

ついでながら、外の音についてはどうか？　飼育係が潜るような大きな水槽では、アクリルガラスが使われるようになってからは、外の音はまったく聞こえなくなった。アクリルガラスがとても厚いからだ。しかしガラスの窓のころは、外の観客の声がよく聞こえたものだ。若い女性たちから「わー！　潜ってる。楽しそー。でもあの人、足短いねー」と聞こえてきたときには、まったく楽しくなくなってしまったものだ。潜っている飼育係を見つけたときには、できれば、手を振るくらいにしておいてあげてほしい。

だれの食費が一番高い？

シャチの食費は一日3万円！

水族館一の大食らいといえば、体長8メートル以上、体重が数トンにもなるシャチだろう。水族館で飼育されている、体長5メートル、体重2トンくらいのシャチでも、1日80キロほどのサケやホッケ、ニシンなどを食べるのだそうだ。1尾1キロのサケだったら80尾！　そう考えると途方もなく高そうだ。

しかし、別に銀座のお寿司屋さんに行って、「サーモンのうまいところ、80キロばかり握ってくんな」なんて頼むわけではない。イクラをちょうだいしたあとのサケや、大漁で値段がぐっと下

巨体のシャチはオットセイもひと飲みだ（太地町立くじらの博物館）

がったときの冷凍のホッケやニシンを、大量に仕入れてストックしてあるのである。だから、1日に2〜3万円ほどの食費ですんでいるようだ。

それでも、1日に3万円の食費といったら、それこそ毎日銀座のお寿司屋さんか、一流レストランで食事をしているような超お高い食費であることには変わりない。

超グルメのラッコ

体は大きくはないが、グルメといわれるラッコはどうだろう？ 大好物は、タラバガニにアワビにウニ、エビにホタテにイカやタコ、それにヒラメなど白身の魚も大好き。ウヒョー！寿司屋で「時価」って書いてあるやつばかりじゃないか。さすがグルメだ。

その上、冷たくて寒い海に住んでいるのに皮下脂肪がほとんどないから、体を温めるエネルギーを補充するために、1日に体重の4分の1以上のエサを食べなくてはならない。だから、水族館でのエサ代は、1頭あたり1年でなんと500万円！ なんていわれていた。1日1万5000円というところか。

しかし、水族館でタラバガニやアワビやウニを与えるわけはなく、せいぜいホタテか大アサリ（ウチムラサキガイ）、それにイカと白身の魚である。たしかに、ラッコのエサはどの水族館でもかなり鮮度のいいものを与えてはいるが、それでも、魚屋さんで買ってくるので

細い草が、ジュゴンの主食アマモ（鳥羽水族館）

はなく、やっぱり浜値で大量に仕入れてくる。

とすると、年間500万円というのは末端価格、ラッコの食事代は多めに見積もっても1日1万円以内である。

しかしまあ、体重40キロほどのラッコが、100倍以上もの体重があるシャチの食費の3分の1程度というのだから、これはやっぱり、猛烈に高い食費だといえるだろう。

文句なしのナンバー1！
一日5万5000円も食べるジュゴン

しかし、巨大な大食漢シャチも、グルメ指向のラッコも、まるでかなわないエサ代ナンバー1の動物がいる。鳥羽水族館で飼育されているジュゴンだ。

ジュゴンは海牛類、海獣では珍しい草食性の動物だ。同じ海牛類のマナティーの仲間は、主に川の水草や川岸の草を食べているが、ジュゴンは海だけに棲み、浅瀬に生える海草を食べる。この海草とは、海藻ではなく海草、つまり海にたくさんあるノリの類ではなく、浅瀬の砂地に生えて、水中で花だって咲く海の草だけを食べているのだ。

それだけで、なんだか難しそうなエサではあるけれど、ジュゴンは草食動物の常識にたがわずたいへんな巨体で、1日に食べる海草の量も30キロとハンパじゃない。

そんな大量の海草を、鳥羽水族館は韓国から輸入しているのだが、採集してくれている人たちへの支払いと、輸送のための航空運賃を合わせると、2頭分で年間なんと4000万円！つまり1頭のジュゴンが食べる海草のお値段は1日で5万5000円！

文句なしに、水族館最強の食費ナンバー1なのである。なぜ、海草なんかを食べていてこんなに高いのかと疑問だろうが、海草だから高くつくのだ。ヒトが食べ、流通しているものなら、常識的な値段に落ち着くだろうが、ジュゴンの海草はジュゴンしか食べない。ジュゴンだけのために採集する人と船を雇い、海草を洗ったり袋詰めにする作業所を作り、運送の手はずを整えなくてはならない。それは確実に高いものにつくのである。

ちなみに、体重がジュゴンの倍もあるアフリカマナティーのエサは、レタスやコマツナ、牧草など珍しいものではないのだが、大食漢で1日に45キロも食べるため、エサ代としてはジュゴンのエサ代に迫っている。鳥羽水族館は、世界の水族館でもっとも高いエサ代の動物と、2番目に高い動物を飼っている、実に奇特な水族館なのである。

エサ代の一番安い動物は？

サンゴのエサ代はタダ

エサ代がたいへんな水族館にとって、ふつうに魚を食べてくれる動物であれば、どれもたいへんありがたいのだが、それよりももっとエサ代が安い動物もいる。安いというより、基本的にはエサ代無料の動物だ。

たとえばクラゲは、彼ら自身もプランクトンだけど、食べるものもプランクトン。目の前の海で、プランクトンネットを引いてくれれば、無料のエサを簡単に集めることができる。ただし、これでも人件費、つまりプランクトンネットを引いている間の飼育係の時給や、エサをあげるときの時給まで考えたら、無料というわけではない。

そのような手間さえも必要ないのは、仕事までしてくれる動物たち。水槽についた藻《も》（コケ）を食べるエビや魚、巻き貝だ。エサ代がかからないだけでなく、水槽掃除までしてくれるところが彼らのいいところで、水槽掃除を仕事でする水族館よりも、家庭のアクアリストたちに隠れた人気のある動物たちである。

沖縄美ら《ちゅ》海《うみ》水族館では、水槽内で利用する海水は、目の前の美しい海から取ってきたものを、そのまま使うとのことなのだが、それは、生きている造礁サンゴたちが、海水に含まれたプランクトンを捕まえて食べるからだ。

さらにサンゴたちは、褐虫藻《かっちゅうそう》という藻類を表面に飼っていて、その藻類が太陽の光を浴びて光合成を行なう。サンゴたちは、そのときに出るエネルギーを取り込んで成長に使う。

サンゴ礁は、外見もまるで海中の花畑のようだが、藻類を共生させていることで、実際にも、植物のような生活をしている動物なのである。

サンゴたちのエサは、海からポンプアップされた海水と太陽光（沖縄美ら海水族館）

バナナは誰のおやつ？

野菜を食べる魚

水族館で大量に消費されるエサは先にあげたアジやサバだが、もちろんそれだけではない。なにせ水族館のエンゲル係数は高いので、アジやサバに代わるような安い魚があれば、サンマやホッケなど、わりあいなんでもありなのだ。シャチなど巨大な動物には、サケなどの大きな魚もエサにする。

魚以外のエサもたくさんある。中でもむきエビやアサリはよく使われる。むきエビというのは、スーパーの冷凍コーナーでよく売られている、頭を取って殻《から》をむいてあるエビの冷凍のことだ。解凍すればそのままエサになって便利。

アサリは、サンゴ礁を口先でつつきながらエサを食べる魚たちに人気。貝殻を開いてそのまま沈めればOKだ。水族館によっては、開いた貝殻を吊《つる》し柿のようにひもにくくりつけて沈めているところもある。この方法だと、飼育係が貝殻を拾わなくてすむだけでなく、見やすいところで魚たちがアサリをつついてくれるので、お客さんも楽しめる。

ヒトデには閉じたままの貝でいい。おおいかぶさって、うまく貝をこじ開けて食べてしまう。水族館にもよるが、オオカミウオにも貝をそのままあげるところもある。オオカミウオは、貝やカニをバクッと飲みこんで、ノドで粉々に押しつぶして食べる。身を食べた後に、粉々になった殻をブハ～と吐き出すのが豪快でいいのだが、その殻を拾い集めるのも飼育係の仕事だから、飼育係にとってはやっかいなエサになってしまう。

水族館の飼育室には、バナナやキャベツが置いてあることがあるが、これを食べてはいけない。ボクは新米飼育係時代、テーブルの上のバナナを食べてしまい、「エサ泥棒《どろぼう》」となじられたことがあ

キャベツを食べるニザダイ（姫路市立水族館）

る。バナナは淡水のカメやイグアナなどのエサ、キャベツは魚類やウミガメのエサなのだ。

海に棲んでいる魚やウミガメがキャベツを食べるなんて不思議だろうが、ブダイは季節によって岩に付いたハバノリを食べ、そのころにはホウレンソウでも釣りのエサになる。またサンゴ礁の海に潜《もぐ》ると、ウミガメやニザダイたちがサンゴに着いた海藻をかじる音がうるさいほど聞こえることがある。彼らには本当は海藻を与えないと栄養のバランスが取れないのだが、代用品としてキャベツやレタスを与えるのだ。

そんなわけで、野菜は彼らの大好物。むしゃむしゃと争って食べる。

水槽の小さな金魚はもしかしてエサ？

エサを飼育する

巨大な熱帯魚が飼育されている水槽に、赤い金魚がぴらぴら～と泳いでいることがある。なんとなく場ちがいな金魚、どこかからまちがえて入ってきてしまったのか、それとも……？

もちろん、金魚がどんなにまちがえても、自分でこんなところにやってくるわけはない。アロワナやガーパイクなど、捕食性熱帯魚の生きたエサとして入れられているのである。

飼育係の部屋には、ときおり「小赤」という字と金魚の絵の入った段ボールが届く。開けてみれば、透明ポリ袋に満たされた水の中を、小さな金魚、つまり小赤がいっぱい泳いでいる。小赤とは、和金の小さいときの呼び名。金魚すくいで一番たくさん入っているのが小赤だ。1匹15円ほどで買うことができ、金魚すくいのその他大勢となるほか、こうして生き餌《え》としても使われる。飼育係は小赤とは呼ばず、「エサ金」と呼んでいる。

生き餌になっているのは金魚だけではない。近ごろはカエルを飼育している水族館が多いが、カエルのコーナーの裏から、「コロコロコロ～」と美しいカエルの鳴き声が聞こえてきたことはないだろうか？　実はあれは、カエルの声ではなくコオロギの音なのだ。カエルはケロケロ～、でしょ。

カエルの水槽を見れば、コオロギがいくつかいることもあるし、運がよければカエルがコオロギを捕まえて食べるところを見られるかもしれない。まあたいていの人は、それを見た

エサのコオロギを狙うカエル（宍道湖自然館ゴビウス）

ら運が悪かったと思うのだろうが。

でも、そんなことで気色悪がっていては、飼育係にはなれない。だいたい、一生懸命に生きているカエル様たちに失礼だ。実をいうと、ちょっと悪人面のベルツノガエルの仲間が食べるのは、生きたマウス（ハツカネズミ）だ。これはさすがに、お客さんがいなくなってからしか与えないが、水族館の裏には、カエルに食べられるのを待っているマウスもいるのである。

カエルというのは、動いているものだけを食べ物として認識するようになっている。たとえば、楕円形《だえん》のつやつやしたものがいても、動かなかったらおそらくそれは固い木の実だ。そいつがもし動いたら、きっとカエルの好物である昆虫だろう。たしかにそれは理にかなっている。

しかし、エサとして運命づけられながら、運よく生き残る強者もいる。熱帯魚の水槽は岩や木の根などの疑装《ぎそう》が多いので、その陰や、ときには擬岩《ぎがん》の裂《さ》け目の中に隠れ、アロワナたちの攻撃から逃げとおすのだ。そのうち、逃げるのにも慣れてきて、いつのまにか威風《いふう》堂々たる大きさになって、ついには食べられなくなるほどに成長することもある。そんなことは数年に1度の奇跡だが、水族館のバックヤードには、そうやってピンチを切り抜けた金魚が、ゆったりと余生を送っている。

エサはどうやって集めるの？

エサも採集して飼育する

海の生物たちにも、動いているエサしか食べてくれない者は多い。身近な動物ではタツノオトシゴの仲間。彼らはスポイトのような口を素早く動かし、吸引することで、プランクトンを食べる。狙いをつけるまで、目の前を浮遊してくれていないとダメなのだ。

長細い体を砂から半分出して、ゆらゆらと揺れているチンアナゴも、揺れながらプランクトンが近くにやってくるのを待っている。プランクトンがやってきたら、スーッと体を伸ばしてパクリと食べる。

生きていないエサだと、彼らの目の前をうまくただよってくれない。そこで、彼らを飼育するためには、生きているプランクトンが必要となるのだが、彼らの小さな口に合って、海水で生き、なおかつ彼らの食欲がわいて栄養価も高いという都合のいい生き餌《え》は、小赤のようには手に入らない。

そこで、飼育係の自家採集となる。幸いなことに、アミというエビのような甲殻類《こうかくるい》が海岸にはたくさんいる。これは成長しても1～1・5センチほどで、いるときには湧くようにいるのだ。いろんな採集方法があるが、夏ならシュノーケリングで、わりあい楽しい漁気分になれる。冬は長い網などを使って、震えながらの採集になる。

水族館の水槽の中に浮遊しているのは、だいたいこのアミだ。底に透明なエビがたくさんいたら、それは食べられずに生き残った運のいいアミだと考えていい。

カエルのエサ探し

今から20年も前、まだどこの水族館でもカエルなんて飼育していなかったころ、新米飼育係だったボクはカエルを展示しようと思い立った。

先輩たちからは、カエルは生き餌しか食べないから無理といわれたのだが、無理といわれればどうやってもできるようにしてやろうと思うのがボクの性分《しょうぶん》だ。長さが1メートル半ほどある、わりあい大きな水槽をもらい、中には土と石と雑草で池のある自然景観を作り、上には逃げないように網をかぶせた。

そして問題の生き餌は、裏の公園に毎日バッタを捕りに出かけたのだ。バッタはいくらでも捕れたし、カエルたちは動くバッタに反応してよく食べてくれた。それまでは、カエルはすました顔をして長い舌をべろ～んと伸ばしてハエを捕るものだとばかり思っていたボクは、バッタに跳《と》びかかってムシャムシャと食べるカエルに、すごい力強さを感じたものだ。

しかし、秋になるとバッタはとつぜん姿を消してゆき、せいぜいクモかハエしかいなくなってしまった。寒くなってくると、1時間かけても10匹くらいのハエしか捕れなくなった。カエルの展示にかけるには、あまりにもコストパフォーマンスが悪くなってきたので、カエルたちにはそのへんで冬眠していただくことに決めたのだが、自分で計画して実際に展示をした最初の経験は、とても面白かった。

今ではコオロギを繁殖させることで、だれも公園にバッタ捕りに行ったりはしないし、年中カエルの飼育をすることが可能になった。公園でのエサ捕獲に比べれば、エサのコオロギは養殖のように近代的である。

なぜ写真撮影は禁止なの？

ビデオ撮影はOK

水族館には、ストロボ撮影禁止になっている水槽が多い。ラッコ、マンボウ、チンアナゴなどはたいてい禁止。マグロ、サンマ、トビウオなど、最近になってやっと飼育に成功した魚は、観覧通路もかなり暗くされている。また、全館ストロボ禁止になっている水族館もある。たしかに、1日中ストロボを向けられている動物の身になれば、ストロボ撮影禁止は、当然のことだ。

しかし、ストロボ禁止ではなく「写真撮影禁止」と表示されていることが少なからずある。もしかするとストロボ禁止よりも多いかもしれないくらい。ストロボ禁止はわかるけど、撮影禁止というのはいったいどういうことだろう。

この表示は、ラッコが飼育されたころから多くなってきた。ということは、当時のラッコは大スターで、写真集なども売れまくっていたから、勝手に写真を撮ってはいけないという、つまり動物の肖像《しょうぞう》権の問題なのだろうか？　いや、水族館はそんなに了見《りょうけん》の狭いところではないし、そもそも写真撮影禁止であって、ビデオ撮影は禁止されていない。

実は、ラッコがやってきた10数年前、操作が簡単できれいに撮れるコンパクトカメラが全盛期を迎えていた。各メーカーは、カメラの知識や体力のない女性や子どもにでも、きれいに撮影ができることをうたって競争した。その機能のひとつとして、手ぶれするほど暗ければ、自動的に光るストロボが、標準装備されるようになってきていたのだ。

そのため、超人気のラッコプールの前では、いくら「ストロボ撮影はしないでください」と声をからしても、勝手にストロボが光ってしまうカメラが続出。もともとカメラの知識がない人のためのカメラだから、ストロボを光らせないようにする操作も分からない。しかも安価なコンパクトカメラはよく売れていたので、その数たるやすさまじい。ラッコよりも飼育係のほうがイライラしてしまった。

そこで、えいっとばかりに踏み切ったのが、「写真撮影禁止」令なのである。写真撮影を禁止してしまえば、当然のことながらストロボは光らない。そんなー……といえばそんなーなことなのだが、そんな理由だから、とりあえずストロボさえ光らせなければ、「写真撮影禁止」のところでも文句はいわれないはずだ。

なお、実際、コンパクトカメラで大きな水槽にストロボを光らせても、ストロボの光が反射して真っ白なゴースト写真ができるだけだから、水族館に行くときには、ストロボを自動発光させない操作を覚えておくことをおすすめする。

どの水族館にもあるペンギンの置物はいったいなに？

野生の動物保護基金

ほとんどの水族館に置いてある、子どもの背丈ほどもあるペンギンの親子の置物。コウテイペンギンの実物大フィギュアだ。よく見ればお腹のところに、スリットの穴が開いている。つまり巨大なペンギン貯金箱？　ペンギン貯金箱ならボクの部屋にもあるが、そんなちんけなものじゃない。実はこれ、募金箱なのである。

この募金は、(社) 日本動物園水族館協会による『野生動物保護基金』で、野生動物の保護・保全活動を目的とした事業に使われている。ということはつまり、水族館だけでなく、動物園にもこのペンギン親子は立っている。ペンギンは、日本のほとんどの動物園にも水族館にもいるうえに、人気のある動物だから、この基金のシンボルとなったという。

かつて動物園と水族館の募金箱といえば、世界自然保護基金WWFジャパンの募金に協力するパンダの形の募金箱が、どこの水族館でも見られたのだが、パンダは動物園のシンボルということで、水族館関係者の中では少々評判が悪かった。水族館に置くのは、イルカとかラッコにしてほしい、なんていう声も真面目に上がっていたくらいだ。

WWFのシンボルがパンダなのだから、そんな勝手をいってもだめだろうとは思うのだが、独自で野生生物保護基金の事業を行なうことになったときに、水族館館長たちからシンボル動物は水族館にもいるものにしてくれとの要望が強かったと聞いている。

まあ、そんな理由はどうであれ、ペンギンは立っているからパンダよりもよく目立つし、親ペンギンがヒナペンギンをいつくしむ姿は、通りかかる人の愛情を呼びさます。しかも、子どもにも手が届くよう、お金を入れる穴がお腹のところに作ってあるのが、気が利いている。おもわず募金したくなるようによくできているのだ。おかげで、このペンギン親子による募金額は、4年間で3000万円を突破したらしい。

野生動物保護基金は、動物園や水族館において行なわれる活動にだけ助成されるのではなく、野生生物の保護団体の活動にも助成されている。日本動物園水族館協会としては、かなり社会性の高い事業なのだ。

ところで、情報公開されている記録を見ると、ペンギン募金箱は、動物園77園と水族館64館に置かれているのだが、水族館で集まった金額のほうがわずかに多い。やはり、ペンギンはどちらかといえば、水族館で活躍している動物なのかもしれない。

立派なペンギン募金箱と記念撮影する人も多い

付録——水族館通《つう》の常識

付録❶ 水族館を上手に楽しむ方法

水族館は楽しいのだけど、いつも時間がなくなって、どこか見落としているみたいだし、動物が見えないことも多いし、せっかく行ったのに休みだったり、駐車場がいっぱいで入れなかったり……。水族館通《つう》の人たちの話しを聞いていると、なんだかいつも自分だけ損しているみたいな気がする。

そんなあなたのために、水族館をもっと楽しむための、水族館通たちの常識をお教えしよう。マニアックな話しではなく、ちょっと気にとめておけば快適で楽しい水族館タイムが送れるだろう。

時間が足らなくなる人が多いわけ

初めて訪れる水族館では、あるいは水族館が好きな人ほど、途中で時間がなくなって、一番楽しみにしていたコーナーをじっくり見ることができなくなってしまう。残念なことに、水族館の最後のクライマックス展示コーナーを、足早に駆け抜けていく人はかなり多いのだ。

大きな理由は、水族館のアリの巣のように曲がりくねった通路に入ってしまうと、建物のどこにいるかが分からなくなり、距離感や時間感覚を失ってしまうからだが、それに輪をかけて、水族館を作った人の意図と、観覧者の気持ちに大きなズレがあることを知っておくといい。

水族館を作った人たちのほとんどが考える水族館の構成はこうだ。「最初のコーナーは序章、そこからコーナーを進むごとに驚きや面白みを強くしていき、一番のクライマックスは最後に持ってくる。そうすればもっとも満足度が高くなるはず」と。

ところが、客の立場になって考えれば、水族館にやってくるまでの長い道のりと時間のことがあって、それがすでに序章なのだ。一番最初に見るコーナーなり水槽なりは、すでにクライマックス。空腹時の肉まんと同じで、どれほどショボくてもおいしいのだ。

しかもその直前に払った決して安くない入館料のことが頭に残っているから、しっかりもとを取らなくてはならないと思う。子どもが、ペンギンだイルカだとお目当てに急ごうとすると、「しっかり見なさい！（もったいないから）」と、叱《しか》っているお母さんをよく見かけるだろう。

つまり、水族館側と観覧者の見学時間の想定が、まったく逆転してしまっている。だから、入り口付近は、どの水族館でも一番混み合う場所になっている。

これを解消するには、ひとつには、まず館内マップで、館内のことをしっかり把握《はあく》することと。実際、水族館に入ったとたん、水槽でなくマップを見るのは、だれもが時間が惜《お》しいように感じるのだが、そこを曲げてマップをじっくり見ていただきたい。

さらに、心と時間に余裕があるなら、まず最後までざっと見て、それから気になるところに戻る、という方法をとると、時間配分が楽になるだけでなく、見落としも少なくなる。

水族館特有の暗い通路を、水槽の中の動物に集中しながら進んでいくと、時間を忘れるだけでなく、展示（コーナー）の意図を知ることなく見学し終わったり、メインの通路から少しでも外れた場所にあるコーナーや水槽を知らずに通り過ぎてしまうものだからだ。

休館日に注意

せっかく水族館に出かけたのに、休館日だったのでは、あまりにも悲しい。どの水族館も、基本的に土日が休館日ということはまずないが、混雑を避けるなら平日に行きたいものだ。ところが平日に休館日を設定してあるところは、けっこう多い。

特に注意すべきは月曜日。美術館が好きな人はよくご存知だろうが、都会にある美術館や博物館の休館日は、月曜日ということになっている。利用者としては、美術館と水族館はなかなか結びつかないだろうが、行政的には美術館も水族館も博物館のグループなのだ。

特に、公営で地域住民のための水族館だと、ほとんどが月曜日を休館日にしている。ただし、公営であっても、観光地にある水族館では月曜日が休館日になっていないところもある。旅行のパターンは、金曜、土曜、日曜に宿泊することが多く、そのため月曜のお客さんというのはけっこう多いからだ。

私立の水族館であれば、ほとんどが年中無休なので、あまり気にすることはないが、水族館が公営なのか私企業なのかはなかなか分かりづらいため、事前の確認が必要だ。

冬の水族館は要注意

北海道や東北の一部では、雪の多い冬季には閉館するところもある。全国的にも、大晦日から正月にかけて閉館という水族館は少なくなく、1月から2月の寒くて人の出が少ない時期には、メンテナンスのために閉館期間をとったり、やっていても改修工事のために一部閉鎖ということはかなり多く見受けられる。冬に水族館に出かけるときには、特に注意が必要だ。

混雑を避ける技

水族館は、屋内なのと水槽の窓の大きさに限りがあるので、混雑しているときに出かけるのは快適ではない。少しでも混雑しない日や時間を狙って出かけたい。

できるだけ避けたいのが、ゴールデンウィークとお盆のあたりだ。日本のこの時期はどこに行こうと混んでいるが、特に季節的な感覚が、水があり涼しそうな水族館にピッタリなのだ。テレビや活字にも、海や川のことが氾濫《はんらん》し、なおかつ水族館特集などが組まれたりもする。

しかし、みんなが「水族館へ行こう！」な気分になっているから、その混雑たるやピークを超えていて、涼しくて快適などころか、人いきれで蒸し暑くてかなわない。

しかも、水族館のあるところの多くは、良港のあるまちで、そういうまちは海と山、あるいは海と市街地が迫り合っているところが多く、土地が少ない。つまり駐車場があふれてしまって、水族館に入る前の駐車場待ちで無駄な時間をとってしまうのだ。

ボクなら、ゴールデンウィークと夏休みの水族館には頼まれても行かない。ただし夏休みは、お盆を過ぎると突然混雑がゆるむ。お盆を過ぎたら海に行っちゃいけないというい伝えが、今も日本人の風習の中にあるのかもしれない（そんなこと初めて聞いたという人も多いだろうが……）。

結論的には、やっぱり、春、秋、冬の平日というのがオススメだ。「水族館へ行こう！」という気分にはイマイチと思われるかもしれないが、水槽を独り占めできるというのは、なにものにも代えがたい。セイウチやイルカなど、こちらに興味を持ってくれる動物を、いくらでも独り占めできるということでもあるし、写真を撮ったり絵を描いたりするのも、気兼ねなくできる。ベンチに座って何時間も水中の空間でくつろぐのもいい気分だ。

早起きは3割の得

そうはいっても、水族館のためにそう都合よく休みがとれるわけもない。どうしても混んでいるときにしか行けないのであれば、時間を工夫するといいだろう。

ちょっと早起きをして、朝の開館直後に訪れるのは、水族館通の常套《じょうとう》手段だ。もちろんとても空いているし、前日の最後のエサから半日以上もたっているので、水槽の水も一番透明度が高いときだ。そのため、水族館スタッフが動物の写真を撮るのも朝が多い。

また動物たちも、その日初めて会うヒトだから、ヒトを見るのに飽《あ》きてくる昼ごろよりも断然あいそがいい。そして、ひと通り見学したころに、朝のエサの時間があることが多い。

水族館の早起きは三文の得。三文というのがどの程度の価値なのかは知らないが、観覧のしやすさや、その他いろんなお楽しみのことを考えれば、水族館の早起きは、入館料の3割以上得する価値があるだろう。

朝が弱ければ、思い切って閉館間際の夕方が狙い目だ。水族館の入館動向は、開館1時間ごろから急速に増え、午前11時から午後2時ごろまでの間ピークがつづく。そして3時ごろになると突然観覧者の数が減るのだ。だから3時以降に入館して閉館（だいたい5時前後）まで粘《ねば》る作戦で、混雑を避けることができる。

ただし、どこでも3時ちょうどくらいが、最後のショーであることが多く、4時以降にショーをしていることはまずないから、ショーを見逃す可能性は高い。でも、そんな場合も諦《あきら》めずにショースタジアムをのぞいてみよう。訓練を見ることができる可能性はかなり高い。計算しつくされたショーもいいが、普段《ふだん》着のトレーナーと動物の訓練もまた、暖かみがあっていい。夕方の水族館では、ショーの訓練だけでなく、いろんな水槽でエサを与えていることも多い。エサを与えるとそれで水槽の水が濁《にご》るので、閉館間際にエサ時間を持ってきている水族館が多いのだ。

開館閉館の時間は、おおよその目安として、開館が9時で閉館が5時である。チケットの売り止めは閉館の1時間から半時間前なので注意したい。また、冬季には、閉館時間が早まる水族館が多い。でも逆に、夏休み中などは、閉館時間が1時間ほど延長になっていたり、夜間営業を行なっているところもある。

朝や夕方を狙うのであれば、開館閉館の時間は、ホームページなり電話なりで確かめることをお忘れなく。

付録❷ 水族館用語辞典

水族館スタッフが日常使用する、専門用語風言葉から、水族館でしか通用しない言葉まで、つまり水族館業界用語集だ。これを知っていると、にせ水族館スタッフになれるかも? なお、日本全国の水族館で通用するかどうかはまったく責任持てない。

■あ行

【アクアリウム】aquarium 水族館の英語名、アクア(水中)とリウム(場所)が組み合わさった言葉で、元々は水槽そのものを指していたのが、建物全体を指すようにもなった。カタカナ語好きの日本人だが、アクアリウムはどうも浸透せず、水族館が一般的。

*アクアリストは水族館職員ではなく、家に水槽を持って楽しむ人たちのこと。

【アクリ(アクリル)】水槽窓に使われるアクリルガラスを短縮して「アクリ」と呼ぶ。アクリルガラスは透明なプラスチック樹脂によって製造されていて、ガラスに比べて強く、透明度が高く、曲げや合わせの加工が可能なために、水槽の大型化や変形が進んだ。ただし、柔らかいので傷がつきやすい。

*関連に「日プラ」。本編38ページを参照。

【あみ=網】タモ網のこと、前を取ってタモとも呼ぶ。すくう対象や水槽の大きさによって、大きさ、形、網の材料(編み目)もさまざま。

【アミ】ニホンイサザアミなど体長1センチほどにしかならないエビに似た甲殻類。タツノオトシゴやチンアナゴなど、生き餌しか食べない生物のためのエサとして使う。アミエビとも呼ぶが、エビではなく、オキアミの仲間でもない。

*アミ採集:エサにするための自家採集。採集の仕方は水族館によってさまざま。

【アルビノ】突然変異で色素がない動物。ほとんどの場合目が赤い。水族館や動物園では、アルビノは貴重なニュースのネタとなる。白ヘビや白いナマコなどは神様の遣いに、黄色がかったものは黄金のナマズなど名付けられ、「縁起がいい」と締めくくられる。

【アンモニア】 水質悪化の元凶。エサの残りや、排泄物からアンモニアが発生し、動物に悪影響を与える。臭いもうるわしいものではなく、水族館には大敵。濾過槽で無害な物質に変化させているが、定期的な水質検査ではアンモニア値の検査は重要。

【いどう＝移動】 水族館で「今日は移動がある」といえば、職場異動ではなく、動物の移動のこと。緊張感が広がる言葉。

【ウエット】 ウエットスーツの略。潜水作業の時に着用する保温着。水を完全にシャットアウトするドライスーツに対し、皮膚とウェットの間に水が進入して文字通り濡れる。進入した水はすぐに体温で暖まる。

【うつりこみ＝写り込み】 ①水槽のガラス窓に、明るい窓や照明などが写り込んで、見づらくなること。②水槽越しに写真を撮ると、ストロボの光源が写り込んだり、撮影している人物がストロボでライトアップされてガラス面に写り込む現象。現像するとまるで心霊写真のように人影が映っている。

【うら＝裏】 建物の裏ではなく、お客さんの入れない場所のうち飼育エリアのことを指す。つまり「水槽の裏」という意味。同意語に「バックヤード」。飼育に関係のないスタッフエリアは「事務所」や「サービスヤード」と呼ばれる。「裏」という響きから、なんとなく薄暗さを感じるが、水槽の裏は、水槽照明によってけっこう明るい。

【エア】 ①水槽内に酸素を送るエアレーションの略「瀑気」ともいう。②潜水用ボンベ内の空気のこと。

【エアをかむ】 ポンプや、配管内に空気が入っていること。配水システムでは空気はじゃまなことが多く、ポンプが空転したり、水槽内に気泡ができたり、サイフォンがきかなくなったりと不都合なことになる。その場合「エアを抜く」作業が必要になる。

【えさきん＝餌金】 動物の餌にする金魚のこと。生き餌でないと食べてくれない淡水生物には金魚を与える。和金の当歳魚が使われる。金魚すくいで一番たくさんいるのがこれで「こあか＝小赤」と呼ばれている。もう少し大きいのを「あね＝姉」と呼ぶ。時折、水族館の水槽の中で、大きくなった金魚を見かけることがあるが、餌として入れられたのに、うまく生き延びた強者金魚である。（本編205

ページを参照）

【えきしん＝液浸】 液浸標本。死んだ生物（特に魚類）を、ホルマリンやアルコールなどに入れて、腐敗しないようにした標本。色が抜けて不気味な印象を与える。

【えふあーるぴー＝FRP】 Fiber Reinforced Plastics（繊維で強化されたプラスチック）の略で、水槽の防水をしたり、水槽そのものを成形したり、擬岩などを作るのに使われる。水槽から濾過槽まで、FRPだらけだ。水族館以外でも小型船の船体や、ユニットバスなど、水を使うさまざまなところで利用されている。

【えんびかん＝塩ビ管】 水族館の裏に張りめぐらされた灰色のパイプ。水の配管用パイプで、直径20ミリ程度から人がくぐれるくらいのものまでさまざま。肉厚のある給水管と薄い排水管があり用途によって分ける。飼育係はこれを自在に切ったり、接続したりできる。

【おきすいそう＝置き水槽】 観覧側から見ると、水槽はすべて壁に取り付けられているように見えるが、小型のものは単体の水槽を置いて、壁に穴がくりぬかれているだけ。それを置き水槽という。最近では、背丈を超えるほど大きな置き水槽もある。反対に建物の一部として作られた水槽は、躯体水槽と呼ばれる。

【オーバーフロー】 水槽などから、水面部であふれさせて排水する方法。水位を一定に保ったり、水面の汚れを流すのに使われる。

【オゾン】 活性酸素。殺菌、脱臭、漂白の効果があるため、水槽の水をよりクリアにするために使われる。多すぎると動物に悪影響があるので、使用には知識と経験が必要。

※オゾナイザー：オゾンを発生させる装置

【おちる＝落ちる】 飼育動物が死ぬこと。「命を落とす」が語源なのか？ 水族館で生死は毎日のできごとで、「死」という言葉をひんぱんに使いたくない気持ちが、こういったいい回しになる。＊関連に「斃死（へいし）」

【おにーさん・おねーさん】 イルカやアシカのトレーナーのことを、なぜかこう呼ぶ。たとえオジサンの年齢でもオニーサンだ。

■か行

【かいじゅう＝海獣】 狭義ではアシカやアザラシの仲間など「鰭脚類」のことを指すが、近頃は海に住む獣（哺乳動物）全般の総称として用いられる。すなわち、鯨類（イルカ、クジラの仲間）、鰭脚類（アシカ、アザラシ、セイウチの仲間）、海牛類（ジュゴン、マナティーの仲間）およびラッコが含まれる。河や湖に生息するカワイルカの仲間やアマゾンマナティー、バイカルアザラシも「海獣」としてあつかわれるが、カバは海獣でも河獣でもない。

【かいようどう＝海洋堂】 水族館の飼育係には、海洋堂のフィギュアにはまっている人が多い。どこの飼育室にも大量のフィギュアがある。水族館ファンにも海洋堂フィギュア好きが多く、筆者がプロデュースした新江ノ島水族館オリジナルのシリーズは年間で約30万個が売れた。

【がくめい＝学名】 動植物の名称が、世界中でこんがらがることのないよう、統一的系統的に付けられたラテン語による名称。種名ラベルにはたいてい表記されているが、論文や海外とのやりとりでない限り、飼育係も使わない。100種類以上を学名で言える飼育係は稀。＊関連に「和名」

【かけながし＝掛け流し】 解放式水槽のこと。飼育水を濾過循環せずに、海水あるいは川や井戸の水を入れては流す。最近の温泉ブームのせいか、このいい方が増えてきた。

【かんさつ＝観察】 水槽の動物をじっと眺めること。餌の食べ方、泳ぎ方など、毎日見ていることが、異常を発見する第一歩。さぼっているのではなく観察だ。

【かんすい＝換水】 読んで字のごとく、水槽の水を入れ替えること。超大型の水槽では丸1日を要することもある。

【ぎがん＝擬岩】 水槽の中などにある作り物の岩。作り物の木は「擬木」。（本編53ページ参照）

【きゅうじ＝給餌】 動物に餌を与えること。「給餌時間」は、餌を与える時間。

【きょうせいきゅうじ＝強制給餌】 動物が体力をなくしたり、捕まったばかりで怯えたりして、自力で餌を食べず命の危険があるとき、餌を液状にして、喉から無理に流しこむ方法。肉体的にも精神的にも悪影響があるので、よほどせっぱ詰まったときにしか行なわない。

【ぐんて＝軍手】 飼育係の必需品。ただの防寒、防災だけのためではなく、餌の選別や、動物を手づかみするときなど、さまざまな場面で活躍。消費量は非常に多い。

【けいほう＝警報】 飼育係にとって「警報」とは水槽異常を知らせる警報のこと。大雨警報や防災警報より緊張する。

【げっぽう＝月報】 日本動物園水族館協会の発表する入館者数や飼育動物の動向。マスコミなどへの発表と、微妙にちがったりする。

【こがしょう＝古賀賞】 動物園水族館協会に加盟する園館で、希少生物の飼育、繁殖などに特に功績のあった業績を称えて、協会より授与される賞。繁殖賞よりも条件や審査が厳しく、飼育係にとっては最高の栄誉。協会の設立に尽力を尽くされた、元上野動物園長（故）古賀忠道博士の業績を記念して制定された。＊関連に「繁殖賞」

【こけ＝苔】 水槽に付く藻のこと。実際は海藻であって、苔類ではない。

【こっかくひょうほん＝骨格標本】 骨だけで作られた標本。海獣やペンギンなど、骨格標本を見ると、ほかの動物との比較で興味が尽きない。

【こうざつ＝交雑】（交雑種）狭いプールの中で何種も同時に飼育していると、同一種で適当な相手がみつからないと、近い種との交尾でも満足する。交尾だけならいいが、妊娠して子どもを生む。

■さ行

【さいけつ＝採血】 血液検査のために、射器を使って採血する。イルカの仲間はとても協力的だ。（本編１８０ページ参照）

【サイテス＝ＣＩＴＥＳ】 絶滅の恐れが有る野生動植物の国際取引を規制する為の国際的な条約。＝ワシントン条約。（本編83ページ参照）

【サイフォン】 ホース１本で、水槽の水を外へ排出する方法。水面よりも高い位置を通して排水できる。時には意に反してサイフォンの原理が働き、水槽の水が空になってしまうことも。「サイフォンを掛ける」といういい回しをする。（本編１７１ページ参照）

【ざんじ＝残餌】 給餌したものの、食べられずに水槽内に残っている餌。放っておくと、水槽内に生ゴミがあるのと同じなので、すぐに取り上げなくてはならない。

【さんそぱっく＝酸素パック】 魚の輸送のために、溶存酸素の量を増やす簡易な方法。（本編67ページ参照）

【さんまいおろし＝三枚おろし】 魚の背骨を残して、左右の身を切り離すこと。餌を作るときの基本的な包丁さばき。

【しいくにっし＝飼育日誌】 飼育動物および飼育作業の日報。動物の様子、餌の量、水質、などが克明に記されている。動物によってはウンチの量や形状なども。

【しすい＝死水】 水槽の中で、水流の影響を受けずに動きがよどんでいる水およびその場所のこと。動かない水は濾過槽に行けないため、腐敗しやすく、生物に有毒な物質が溶けこんでいる。擬岩の陰や隅、擬岩の裏などに起こりやすい。「死に水を取る」とは関係ない。

【シービタ】 海生哺乳動物用に市販されているビタミン・ミネラルの補給用サプリメント。餌の冷解凍時に失われる栄養分を補給するために与えられる。海獣用チョコラBBみたいなもの。

【しまいかん＝姉妹館】 姉妹都市と同じように、友好を結んだ海外の水族館。主に、動物交換や技術交換をするため、また海外の有名館の名前で箔を付けたいという理由など、戦略的に締結されることが多い。

【しゅくちょく＝宿直】 水槽システムは24時間運転され、動物たちも海に帰るわけではない。閉館後から次の日の開館までの緊急事態に対処すべく、飼育係が持ち回りで待機する。

【しょうどく＝消毒】 主に足裏の消毒。外からの雑菌が、床の水に溶けて水槽に入るのを防ぐ。一般の人も、飼育ヤードに入るときには消毒をさせられる。

【じんこうかいすい＝人工海水】 水に溶かせばOKのインスタント海水の素。塩水ではなく、水生生物が飼育できるミネラルが充足されている。アメリカの内陸では、人工海水を使う水族館もふつうだが、島国日本では、内陸の一部の水族館や、館外での特別展などでしか使用しない。

【すいしつ＝水質】 水質保持は飼育の基本。すべての水槽の水質を、毎日あるいは定期的に測定記録している。

【せんすい＝潜水】 水族館で潜水と言えば「潜水作業」のこと。けっしてダイビングとはいわない。（本編173ページ参照）

【ぞうは＝造波】 人工的に波を作り出すこと。（本編56ページ参照）

■た行

【たいちょう＝体長】 体長は身長とは異なり、頭（あるいは口）の端から、尾の付け根つまり背骨の端までのこと。これだと一般人には大きさのイメージがつかみにくいので、マスコミには「全長〇〇センチ」と発表することが多い。他にもカメやカニは甲長、エイなど幅の広いものは全幅などを使う。

【タンク】 ①狭義で魚類運搬用の容器だが、最近は海外水族館との交流のせいで、水槽全般を英語のタンクと呼ぶことが多い。②潜水用の空気を容れるボンベのこと。

【ちょうじ＝調餌】 餌を作ること。料理を作るのが調理、餌を作るから調餌。（本編150ページ参照）

【デッキブラシ】 船の甲板を掃除するためのブラシで、水族館にはなくてはならない掃除用具。長い竹の柄の先に、腰の強いタワシが付いていて、立ったまま体重をかけて床をこすることができる。標準和名「棒ずり」。棒でこするからだろう。

【とうかいだいのずかん＝東海大の図鑑】東海大学の出版部門が発刊する『日本産魚類大図鑑』のこと。日本沿岸で記録された３４００種もの魚類が、カラー写真で紹介されている。水族館飼育係になったとたんに欲しくなるが、値段もなんと４万２０００円也!と半端ではない。初任給はこの図鑑で消えた、という飼育係は少なくない。

【どうすいきょう＝動水協】→にちどうすい

【ドライ】ドライスーツの略。ラッコの水槽など冷たい水に潜るときに使用する潜水服。内部に水が入り込まず、乾いた服を着ながら着用できる。ホッカイロもOK!

【とろばこ＝トロ箱】餌の魚を詰めた木製の箱。トロール船で使われていたのでこの名前。最近は軽くて保温性の高い発砲スチロール製のものにとって変わられたが、やはりトロ箱と呼ばれることが多い。

【ドレン＝drain】水槽などの排水孔および排水溝。狭義では水槽底の大きな排水孔。

■な行

【ながぐつ＝長靴】飼育係の標準装備。夏はむれるし、冬は冷たいが、長靴なしでの飼育作業は考えられない。ショーなどには、ヨットや釣り用のマリンブーツが使われる。

【ニコノス】ニコンが製造販売していた世界唯一のレンズ交換式35ミリ水中一眼レフカメラ。性能も取り扱いのよさも最高水準だったがすでに製造は中止された。海洋調査などの必需品で、水族館では今も使われている。余談だが、飼育係は通常の一眼レフもニコン愛好者が多い。

【にちどうすい＝日動水】社団法人日本動物園水族館協会。定款によれば、『日本における動物園、水族館等の関係者の協力により動物園、水族館事業の発展振興を図り、もって文化の発展と科学技術の振興に寄与することを目的とする』。一般語に訳せば、「動物園や水族館の活動をいっそうよくして、それによって文化や科学技術の発展にも役立てようと、日本全国の動物園と水族館で考え実行している団体。

【にっぷら＝日プラ】世界的に有名な日本のアクリルガラスメーカー。アクリルパネルの貼り合わせ、接続、曲げなどの技術では世界一で、国内の水族館のほとんどが日プラ製アクリルパネルを使用している。世界的にも70%以上のシェアだとのこと。※関連に「アクリル」

【にゅうかんしゃすう＝入館者数】入館者数は水族館の人気、館長の手腕などのバロメーター。職員の誰もが気にする数字だ。通常は年間の総入館者数で表される。

■は行

【バケツ】 餌に掃除に、水族館には欠かせない道具。青いポリバケツが主流。バケツに字が書いてあるのは動物の名前やコーナー名。バケツは飼育係の装備ではなく、動物の持ち物なのだ。

【バックヤード】 水槽裏の飼育スペース。飼育係は通常「裏」と言うが、バックヤードツアーなどが盛んになってきてから、よく使われるようになった。→「うら」

【バルブ】 循環している水を堰き止めたり流したりする弁の開閉をする装置。水槽と濾過槽を繋ぐ配管は非常に複雑で、バルブ操作を間違えると大変なことに。なのでバルブ操作はベテランが行なう。必ず2人で行なうという水族館もある。

【はんしょくしょう＝繁殖賞】 動物園水族館協会に加盟する園館で、飼育動物の繁殖に、国内で初めて成功（誕生後6ヶ月を過ぎて飼育）すると、協会より授与される。飼育係にとって非常に名誉。＊関連に「古賀賞」

【ひじゅう＝比重】 水族館では海水の比重を計測する。水の質量を1としたときの海水の質量だ。別に質量が知りたいワケではなく、塩分濃度を計測する代用。比重が低いと「甘い」高いと「辛い」と言うが、ベテランの飼育係は、なめてみて本当に甘い辛いを見分ける。

【ひょうほん＝標本】 死んだ飼育生物や採集生物のうち貴重なものは、液浸標本、骨格標本、剥製など標本にして保存する。稀少種というだけでなく、解説用や触察展示用としても重要な意味をもつ。新種は「模式標本」と呼ばれ、特に大切に保管される。＊関連に、「液浸」「骨格標本」

【ぶつぎり＝ぶつ切り】 餌の魚の頭と内臓を取り、背骨もろとも切る調餌方。切るとき確かに、ブツッ、ブツッという音がする。ショーで与えている細切れの餌はぶつ切り。（本編150ページ参照）

【プロテインスキマー】 放っておくと害になるタンパク質を取る装置。泡にタンパク質を取りこんで物理的に除去する。

【へいし＝斃死】 動物が死亡すること。本来は「行き倒れ」の意味で、おそらく、自然界における野生生物の死亡を斃死と言うことから、慣用的に使われていると思われる。

【ぺーはー＝pH】 pH値とは、飼育水の酸性アルカリ性の値で中性がpH7。海水は弱アルカリに保つ。また生息していた川によって弱酸性から弱アルカリ性まで、魚に好みの水質がある。

【べん＝便】動物のウンチ。便は体から出てくるので、体調のバロメーター。毎日しっかりチェックする。

【ホイスト】大型水槽の天井にある、レールを移動して、重量物を昇降させる装置。水族館の大型化にともない、大型動物や、魚類の搬入に必要になった。

【ホイッスル】イルカショーなどで動物への合図に使われる笛。イルカショーでは犬笛が使われているが、アシカショーでは体育笛のことが多かった。最近ではアシカショーで使われることは少ない。（本編136ページ参照）

【ぼうずり＝棒ずり】→デッキブラシ

【ほうちょう＝包丁】飼育係の標準装備のひとつ。餌を切るだけでなく、ナイフ代わり、メス代わりになることもある。

■ま行

【マスク】水族館でマスクといえば、水中メガネのこと。

【むしくだし＝虫下し】寄生虫を駆虫すること、あるいはそのための駆虫薬。日本人の寄生虫はほぼ全滅されたが、野生生物にはふつうにいる。

【メタハラ】メタルハライドランプの略。ハロゲンを混入した水銀ランプ。高照度で色が太陽光に似ているため、最近の水槽照明では主流。熱も太陽みたいに熱いので触ってはいけない。

■や行

【やくよく＝薬浴】魚類に投薬する方法のひとつ。小さな水槽やバケツに薬を溶かし込み、寄生虫や菌を駆除したり、エラから吸収させる。海水魚を淡水に入れて殺菌する「淡水浴」もある。

【よびそう＝予備槽】水槽の予備という意味ではなく、展示前の動物や、病気や怪我を治療している動物などのための水槽。

■ら行

【ライブロック】生きた石の意味だが、石が生きているワケはなく、付着生物が生きている石のこと。主に死滅サンゴの石化した岩が用いられる。無数の付着生物の中から、予期せぬ生物が現れて成長したり増えたりすることもある。

【りゅうぼく＝流木】淡水魚水槽のレイアウトに使う朽木。しっかり朽ちたものは、樹液も出さないし、水に沈む。飼育係は水族館周辺の海岸で、流木の流れ着きやすい場所をいくつか知っている。

【れいとうこ＝冷凍庫】 冷凍餌の保管庫として、ほとんどの水族館に標準装備されている。零下20度を下回る温度設定にされていて、酷暑の時に入ると体の芯まで一気に冷えて気持ちいい。

【ろかそう＝濾過槽】 水槽で汚れた水を新鮮な水に戻す装置。ポンプを水槽の心臓とすれば、濾過槽は水槽の肺。濾過は物理的に汚れを取るだけでなく、濾過バクテリアが水質を化学的に変化させる。（本編45ページ参照）

■ワ行

【ワムシ】 小型の動物性プランクトンで、海水魚の稚魚の餌として欠かせない。魚類などを繁殖には、まずワムシを培養させて餌を準備する。

【わめい＝和名】 標準和名の略。日本国内で統一的に付けられた動植物の名称で、水族館はこの名称を使用。＊関連に「学名」

伊勢夫婦岩ふれあい水族館 ☎ 0596-42-1760 三重県伊勢市二見町江 580/8 時 40 分～ 17 時 / 無休 /1600 円
志摩マリンランド ☎ 0599-43-1225 三重県志摩市阿児町神明 723-1/9 時～ 17 時 / 無休 /1400 円
鳥羽水族館 ☎ 0599-25-2555 三重県鳥羽市鳥羽 3-3-6/9 時～ 17 時 / 無休 /2500 円
串本海中公園 ☎ 0735-62-1122 和歌山県東牟婁郡串本町有田 1157/9 時～ 16 時 30 分 / 無休 /1600 円
太地町立くじらの博物館 ☎ 0735-59-2400 和歌山県東牟婁郡太地町大字太地 2934-2/8 時 30 分～ 17 時 / 無休 /1500 円
和歌山県立自然博物館 ☎ 073-483-1777 和歌山県海南市船尾 370-1/9 時 30 分～ 17 時 / 月曜、祝日の翌日 /470 円
滋賀県立琵琶湖博物館 ☎ 077-568-4811 滋賀県草津市下物町 1091/9 時 30 分～ 17 時 / 月曜 /750 円
神戸市立須磨海浜水族園 ☎ 078-731-7301 兵庫県神戸市須磨区若宮町 1-3-5/9 時～ 17 時 / 水曜 /1300 円
海遊館 ☎ 06-6576-5501 大阪府大阪市港区海岸通 1-1-10/10 時～ 20 時 / 無休 /2300 円
しまね海洋館アクアス ☎ 0855-28-3900 島根県浜田市久代町 1117-2/9 時～ 17 時 / 火曜 /1540 円
宍道湖自然館ゴビウス ☎ 0853-63-7100 島根県出雲市園町 1659-5/9 時 30 分～ 17 時 / 火曜 /500 円
市立しものせき水族館 海響館 ☎ 083-228-1100 山口県下関市あるかぽーと 6-1/9 時 30 分～ 17 時 30 分 / 無休 /2000 円
いおワールドかごしま水族館 ☎ 099-226-2233 鹿児島県鹿児島市本港新町 3-1/9 時 30 分～ 18 時 /12 月第 1 月曜から 4 日間 /1500 円
長崎ペンギン水族館 ☎ 095-838-3131 長崎県長崎市宿町 3-16/9 時～ 17 時 / 第 3 水曜 /510 円
大分マリーンパレス水族館「うみたまご」 ☎ 097-534-1010 大分県大分市大字神崎字ウト 3078-22/9 時～ 18 時 / 年 1 回連休 /2200 円
海洋博公園沖縄美ら海水族館 ☎ 0980-48-3748 沖縄県国頭郡本部町字石川 424/8 時 30 分～ 18 時 30 分 /12 月第 1 水・木曜 /1850 円

※住所 / 開館時間 / 休館日 / 入館料金の順に掲載しています（2018 年 6 月現在）。

※開館時間は通常期の開館から閉館までです。季節や曜日によって変動がある場合や、また入館やチケット販売は閉館 30 分前や 1 時間前までの場合もあります。

※休館日は原則として定休日です。祝日の場合や、ゴールデンウィーク、夏休み、年末年始などは直接水族館へお問い合わせください。

※入館料金は大人料金のみです。水族館によって高校生以上、中学生以上など定義も異なります。

※詳細はお出かけ前に電話や HP で直接ご確認ください。

付録❸ 全国の水族館情報

サケのふるさと 千歳水族館 ☎ 0123-42-3001 北海道千歳市花園 2-312 道の駅サーモンパーク千歳内 /9 時～ 17 時 / 無休 /800 円
登別マリンパークニクス ☎ 0143-83-3800 北海道登別市登別東町 1-22/9 時～ 17 時 / 無休 /2450 円
男鹿水族館 GAO ☎ 0185-32-2221 秋田県男鹿市戸賀塩浜 /9 時～ 17 時 / 冬期間の隔週木曜 /1100 円
アクアマリンふくしま ☎ 0246-73-2525 福島県いわき市小名浜字辰巳町 50/9 時～ 17 時 30 分 / 無休 /1800 円
アクアワールド茨城県大洗水族館 ☎ 029-267-5151 茨城県東茨城郡大洗町磯浜町 8252-3/9 時～ 17 時 / 年 3 回不定休 /1850 円
鴨川シーワールド ☎ 04-7093-4803 千葉県鴨川市東町 1464-18/9 時～ 17 時 / メンテナンス連続休館が年 2 回 /2800 円
葛西臨海水族園 ☎ 03-3869-5152 東京都江戸川区臨海町 6-2-3/9 時 30 分～ 17 時 / 水曜 /700 円
マクセル アクアパーク品川 ☎ 03-5421-1111 東京都港区高輪 4-10-30/10 時～ 22 時（土曜、日曜、祝日は 9 時～のこともあり）/ 無休 /2200 円
新江ノ島水族館 ☎ 0466-29-9960 神奈川県藤沢市片瀬海岸 2-19-1/9 時～ 17 時 / 無休 /2100 円
横浜・八景島シーパラダイス ☎ 045-788-8888 神奈川県横浜市金沢区八景島 /10 時～ 20 時（土・日曜は 9 時～ 21 時）/ 無休 /3000 円
京急油壺マリンパーク ☎ 046-880-0152 神奈川県三浦市三崎町小網代 1082/9 時～ 17 時 / 無休 /1700 円
世界淡水魚園水族館 アクア・トトぎふ ☎ 0586-89-8200 岐阜県各務原市川島笠田町 1453/9 時 30 分～ 17 時 / 不定休 /1500 円
森の中の水族館。（山梨県立富士湧水の里水族館） ☎ 0555-20-5135 山梨県南都留郡忍野村忍草 3098-1/9 時～ 18 時 / 火曜 /420 円
伊豆・三津シーパラダイス ☎ 055-943-2331 静岡県沼津市内浦長浜 3-1/9 時～ 17 時 / 無休 /2200 円
東海大学海洋科学博物館 ☎ 0543-34-2385 静岡県静岡市清水区三保 2389/9 時～ 17 時 / 火曜 /1800 円
あわしまマリンパーク ☎ 055-941-3126 静岡県沼津市内浦重寺 186/9 時 30 分～ 17 時 / 無休 /1800 円※島への往復代込
名古屋市東山動植物園 世界のメダカ館・自然動物館 ☎ 052-782-2111 愛知県名古屋市千種区東山元町 3-70/9 時～ 16 時 30 分 / 月曜 /500 円
名古屋港水族館 ☎ 052-654-7080 愛知県名古屋市港区港町 1-30/9 時 30 分～ 17 時 30 分 / 月曜 /2000 円

プロデュース――今福貴子
編集協力――エルフ 石井一雄
本文デザイン・DTP――宝利秀夫

参考文献

『荒俣宏の水族館史夜話 うたかたの夢』（荒俣宏著 TOBA SUPER AQUARIUM連載）
『水族館』（鈴木克美著 法政大学出版）
『日本動物園水族館年報』（社団法人日本動物園水族館協会刊）
『新 飼育ハンドブック 水族館編 1〜3』（社団法人日本動物園水族館協会刊）
『水族館のはなし』（中村元著 技報堂出版）
『ラッコの道標』『人魚の微熱』『生きる者の哲学』（中村元著 パロル舎）
『どうぶつと動物園』（東京動物園友の会会誌）

切りとり線

★読者のみなさまにお願い

この本をお読みになって、どんな感想をお持ちでしょうか。祥伝社のホームページから書評をお送りいただけたら、ありがたく存じます。今後の企画の参考にさせていただきます。また、次ページの原稿用紙を切り取り、左記まで郵送していただいても結構です。

お寄せいただいた書評は、ご了解のうえ新聞・雑誌などを通じて紹介させていただくこともあります。採用の場合は、特製図書カードを差しあげます。

なお、ご記入いただいたお名前、ご住所、ご連絡先等は、書評紹介の事前了解、謝礼のお届け以外の目的で利用することはありません。また、それらの情報を6カ月を越えて保管することもありません。

〒101-8701（お手紙は郵便番号だけで届きます）
祥伝社新書編集部
電話03（3265）2310
祥伝社ホームページ　http://www.shodensha.co.jp/bookreview/

★本書の購買動機（新聞名か雑誌名、あるいは○をつけてください）

＿＿＿＿新聞の広告を見て	＿＿＿＿誌の広告を見て	＿＿＿＿新聞の書評を見て	＿＿＿＿誌の書評を見て	書店で見かけて	知人のすすめで

★100字書評……水族館の通《つう》になる

名前

住所

年齢

職業

中村　元　なかむら・はじめ

1956年、三重県生まれ。鳥羽水族館にてアシカトレーナーを経て、巨大水族館ブームの先駆けとなった新・鳥羽水族館をプロデュース。CATVによる連続番組「水の惑星紀行」などを手がけ、2002年まで同・副館長。その後、新江ノ島水族館の監修とプロモーションに携わり、現在、同水族館のアドバイザーを務める。『水族館のはなし』『海より青い海』『寓話水族館』など、著書多数。

水族館《すいぞくかん》の通《つう》になる

年間3千万人を魅了する楽園の謎

中村《なかむら》　元《はじめ》

2005年5月5日　初版第1刷発行
2018年7月20日　第7刷発行

発行者……………辻　浩明
発行所……………祥伝社《しょうでんしゃ》
〒101-8701　東京都千代田区神田神保町3-3
電話　03(3265)2081(販売部)
電話　03(3265)2310(編集部)
電話　03(3265)3622(業務部)
ホームページ　http://www.shodensha.co.jp/

装丁者……………盛川和洋　イラスト……………武田史子
印刷所……………萩原印刷
製本所……………ナショナル製本

Printed in Japan　ISBN978-4-396-11010-9　C0276